Untersuchungen über den Einfluß der Betriebswärme auf die Steuerungseingriffe der Verbrennungsmaschinen

Von

Dr.-Ing. C. H. Güldner

Mit 51 Abbildungen im Text und
5 Diagrammtafeln

Berlin
Verlag von Julius Springer
1924

Softcover reprint of the hardcover 1st edition 1924

ISBN 978-3-642-47184-1 ISBN 978-3-642-47510-8 (eBook)
DOI 10.1007/978-3-642-47510-8

Druck der Spamerschen Buchdruckerei in Leipzig.

Vorwort.

Die Anregung zu dieser Arbeit gaben auffällige, bis dahin noch wenig geklärte Betriebserscheinungen an stehenden Gleichdruck-Ölmaschinen, mit denen ich mich als Leiter des Prüffeldes der Güldner-Motoren-Gesellschaft Aschaffenburg zu befassen hatte. Es zeigte sich, daß bei den größeren Typen die vom Anfahren bis zur vollen Betriebswärme eintretende ungleiche Wärmedehnung von Gestell und Steuerung das freie Spiel der Einlaß- und Auslaßorgane merklich veränderte. Namentlich an größeren Teerölmotoren, die durch die Vorlagerung des Zündöltropfens besonders empfindlich für Veränderung des Zündzeitpunktes sind, störten diese Wärmedehnungsunterschiede, indem sie das Anlaufen der kalten Maschine erschwerten, sowie wichtige Verbrennungs- und Getriebevorgänge nachteilig veränderten.

Die theoretische Verfolgung dieser Erscheinungen ließ es zweckdienlich erscheinen, auch solche Gleichdruck-Ölmaschinen, die in ihrem Aufbau und in ihrer Steuerungsanordnung von den Güldner-Motoren abweichen, zu vergleichenden Untersuchungen heranzuziehen; dabei ergab sich — wie vorauszusehen —, daß die Ungleichheit der axialen Wärmedehnungen bei allen nach dem Diesel-Verfahren arbeitenden Verbrennungsmaschinen mit der Zu- oder Abnahme der Betriebswärme unerwünschte Veränderungen in den Steuerungseingriffen hervorruft und daß ein Unterschied hierbei nur in der Größe der Auswirkungen dieser Veränderungen auf die Eingriffsperioden besteht.

Gestützt auf die hierbei gewonnenen reichhaltigen Prüfungs- und Beobachtungsergebnisse wird nun in den folgenden Abschnitten, von einer einfachen Analyse des Begriffes „Betriebswärme" ausgehend, versucht, die Zusammenhänge zwischen der Wärmedehnungsungleichheit wichtiger Bauteile von Verbrennungsmotoren und der Betätigung ihrer äußeren Steuerungsorgane aufzuklären, sodann auf Mittel und Wege zur Abwendung der darin begründeten, meist betriebsstörenden Begleiterscheinungen hingewiesen. Die folgende Einleitung zu diesem Buche gibt vorab eine Übersicht der zu dem Zwecke angewendeten methodischen Unterteilung des Stoffes. Ich hoffe, daß ich durch die dabei erzielten Ergebnisse allen an der wärmemechanischen, konstruktiven und betriebstechnischen Vollendung der Verbrennungsmaschinen arbeitenden Berufskreisen eine brauchbare Unterstützung aus der Praxis geboten habe.

Meine Arbeit hat von manchen Seiten dankenswerte Förderung erfahren; insbesondere bin ich zu Dank verpflichtet meinem Vater, der mir als Leiter der Güldner-Motoren-Gesellschaft die langwierige Durchführung der grundlegenden Versuche auf den Prüfständen seines Werkes ermöglicht hat, sodann meinen verehrten Lehrern Herren Prof. Dr. M. Schröter und Prof. Dr. Loschge für die Überlassung der Verbrennungsmaschinen der Technischen Hochschule München zu den abschließenden Vergleichsuntersuchungen. Dankbar anzuerkennen habe ich auch noch die große Sorgfalt, mit der sich die Verlagsbuchhandlung Julius Springer der Drucklegung meiner Arbeit hingab.

Aschaffenburg, Ende 1923.

C. H. Güldner.

Inhaltsverzeichnis.

Einleitung und Übersicht.

Thermische Untersuchungen an Verbrennungsmaschinen gehen in der Regel vom Beharrungszustand der zu prüfenden Anlage aus. Nur bei diesem ist es erfahrungsgemäß möglich, Wärmeverbleib und Wirtschaftlichkeit des Kreisprozesses im einzelnen einwandfrei festzustellen.

Bereits vor der Beharrung liegt aber ein Arbeitsabschnitt, der wärme- wie betriebstechnisch wichtig und untersuchenswert ist: der Übergang von kalter zu beharrungswarmer Maschine. Während dieser Übergangszeit treten im Maschinenkörper durch unvermeidliche Wärmeaufnahme Veränderungen auf, die sowohl für den Konstrukteur als auch für den Betriebstechniker bedeutungsvoll sind. Es sei hier nur auf die bei allen Motoren mit zunehmender Erwärmung des Zylinders eintretende Veränderung des Ladungsgemisches einerseits, auf das bei jeder Ventilmaschine gleichzeitig hierbei wechselnde Steuerungsspiel andererseits hingewiesen.

Letzteres ist ein notwendiges Übel, das bekanntlich dadurch bedingt wird, daß die Wärmedehnung der den Verbrennungsherd aufnehmenden Bauteile (Zylinder, Zylinderdeckel und Gestell) stets größer ist als die der freiliegenden äußeren Steuerungsorgane. Dieser Dehnungsunterschied muß bei kalter Maschine durch genügend große Spielräume innerhalb der Steuerung so berücksichtigt werden, daß bei voller Betriebswärme die normale Betätigung der Einlaß- und Anlaßorgane hergestellt ist. Bei kalter Maschine und während der Übergangszeit vom kalten zum warmen Dauerzustand weichen demnach die Steuerungsvorgänge teilweise von der vorgeschriebenen regelrechten Tätigkeit ab.

Über Entstehungsursachen und Wirkungen dieser Erscheinungen sind bis heute noch keinerlei Untersuchungen veröffentlicht, trotzdem jede Ventilmaschine mit jenem Übel behaftet ist und seine Folgen einem aufmerksamen Beobachter nicht entgehen können.

Um die genannte Lücke in der Literatur auszufüllen, habe ich es unternommen, in vorliegender Arbeit der theoretischen Klärung einiger grundlegenden Fragen über Entstehung, Verlauf und Wirkung der Betriebswärme näherzutreten.

In dem einleitenden Abschnitt I wird zunächst versucht, die Entwicklung der Betriebswärme mit Hilfe der Gesetze der nichtstationären Wärmeleitung zu erforschen. Desgleichen werden mehrere Methoden angegeben, die es ermöglichen, die Größe der Betriebswärme rechnerisch oder experimentell zu ermitteln.

Der II. Abschnitt beschäftigt sich sodann mit den Wirkungen der Betriebswärme auf die inneren Vorgänge im Arbeitszylinder, wobei sich Gelegenheit findet, einen Beitrag zu der bisher noch nicht gelösten Frage der zusätzlichen Reibung der Verbrennungsmaschinen zu geben.

In Abschnitt III wird der Einfluß der Betriebswärme auf die gebräuchlichen Steuerungsanordnungen untersucht und gezeigt, daß das durch die ungleichen Wärmedehnungen bedingte freie Ventilspiel je nach Bauart der Steuerung bis zum Beharrungszustand mehr oder weniger zu- oder abnimmt. Dabei hat es sich als notwendig erwiesen, von der sonst üblichen Einteilung der Verbrennungsmaschinen nach ihrem Arbeitsverfahren (Verpuffung oder Gleichdruck) bzw. ihrem Arbeitsspiel (Zweitakt oder Viertakt) abzuweichen und sie lediglich nach der Lage ihrer Steuerwelle zur Kurbelwelle zu ordnen. Hierdurch bleiben sonst nötig werdende Wiederholungen erspart. Die theoretischen und experimentellen Untersuchungen erstrecken sich auf Motoren marktgängiger Bauart mit der Einschränkung, daß nur Nocken- oder Daumensteuerungen den Betrachtungen unterzogen werden. Diese sind bei Verbrennungsmaschinen, mit Ausnahme der Großgas- und -ölmotoren, fast ausschließlich in Verwendung, und zwar in der Ausbildung als Drehnocken, die auf einer umlaufenden Steuerwelle sitzen.

Nach Ermittlung der betriebstechnischen Folgen der Steuerphasenänderungen (Abschnitt IV), verursacht durch die Erweiterung oder Verengung des freien Steuerungsspieles, werden in Abschnitt V die dynamischen Wirkungen des Ventilhubspieles untersucht. An Hand einer ausgeführten Steuerung wird ein Zahlenbeispiel mit und ohne Ventilhubspiel durchgerechnet und die mit den üblichen theoretischen Annahmen gefundenen Werte den wirklichen, festgestellten Verhältnissen gegenübergestellt.

Entsprechend der großen Bedeutung der Spielveränderungen für das Betriebsverhalten der Gleichdruckmaschinen gibt Abschnitt VI Mittel und Wege an, die Wirkungen der Wärmedehnungsunterschiede auf die Steuereingriffe auszuschalten.

Trotz der Begrenzung des behandelten Stoffes sind die in vorliegenden Untersuchungen gewonnenen Ergebnisse auf jede Art von Steuerungen der Verbrennungsmaschinen übertragbar. Bedingung ist jedoch, daß die Steuerung mit Kraftschluß arbeitet.

I. Das Wesen der Betriebswärme.

a) Einführung.

Der zweite Hauptsatz der mechanischen Wärmetheorie lehrt:

„Die fortlaufende Umwandlung einer Wärmemenge Q in die äquivalente mechanische Nutzarbeit $A \cdot L$ ist technisch unmöglich, wenn nicht gleichzeitig eine zusätzliche Wärmemenge Q_2 aufgewendet wird, die nicht in Arbeit übergeht, sondern als Wärme wieder abgeführt werden muß. Um die Arbeit $A \cdot L$ zu gewinnen, ist demnach die Wärme

$$Q_1 = Q + Q_2 \qquad (1)$$

aufzuwenden."

Bei Verbrennungsmaschinen erfolgt die Umsetzung der im Brennstoff enthaltenen Wärmeenergie in mechanische Arbeit unmittelbar im Arbeitszylinder. Q_1 wird chemisch gebunden in Gas- oder Ölluftgemischen dem Verbrennungsraum zugeleitet, die mechanische Nutzarbeit L am Kolben[1]) oder an der Kurbelwelle abgenommen, Q_2 als Kühlwasser-, Abgas-, Leitungs- und Strahlungsverlust aus der Maschine wieder abgeführt.

Die Umwandlung der Energie geschieht durch einen Verbrennungsvorgang von großer Intensität, wobei ein heftiger Wärmefluß durch die Zylinderwandung stattfindet. Dieser beträgt bei wirtschaftlich arbeitenden Maschinen erfahrungsgemäß im Mittel 25—30 vH der verfügbaren Wärme Q_1, unter der Voraussetzung, daß Wärmebeharrung vorhanden ist, d. h. die zur Energieumwandlung notwendige zusätzliche Wärme Q_2 aus dem Maschinenkörper restlos abgeführt wird.

Untersucht man eine Verbrennungsmaschine vor Eintritt der Wärmebeharrung, so zeigt sich in der von der Zylinderwandung nach außen abgegebenen Wärme im Vergleich mit den genannten Zahlen je nach Betriebsdauer ein mehr oder minder großer Fehlbetrag, ohne daß ihm in den übrigen Rechnungsgrößen ein entsprechender Gegenwert gegenübersteht.

Dieser scheinbare Verstoß gegen das Gesetz der Erhaltung der Energie wird verursacht durch das Wärmefassungsvermögen des im Vergleich zur Zylinderladung kalten Maschinenkörpers, von dem insbesondere der Arbeitszylinder mit seiner nächsten Umgebung nach Einsetzen der Energieumwandlung bis zur Erlangung eines gewissen Dauerzustandes Wärme unvermeidlich aufspeichert und so der Messung entzieht. Der Entzug der Wärme ist, wie später gezeigt wird, bei kalter Maschine am größten, nimmt mit Steigerung

[1]) Bis heute sind alle marktfähigen Verbrennungsmaschinen Kolbenhubmotoren.

der mittleren Wandungstemperatur stetig ab und besteht nach Eintritt der Beharrung nur noch aus dem verhältnismäßig geringen Abkühlungsverlust des Maschinenkörpers. Von diesem Augenblick an nimmt der Körper nur noch so viel Wärme auf, als sich durch die Oberfläche in die Umgebung zerstreut. Nach Beendigung des Betriebes wird die angesammelte Wärme wieder an die Umgebung vollständig abgegeben.

Der erwähnte, späterhin gedeckte Fehlbetrag ist folglich nur eine, und zwar vorübergehende Erscheinung in der Wärmebilanz des Motors, nicht aber in der des eigentlichen Kreisprozesses.

Die vom Maschinenkörper während des Betriebszustandes zurückgehaltene Wärmemenge sei künftig, einem gebräuchlichen Ausdruck der Praxis entsprechend, mit „Betriebswärme“ bezeichnet[1]). Ihre Entstehung und Entwicklung soll zur Feststellung ihrer wärme- und betriebstechnischen Bedeutung im folgenden näher untersucht werden.

b) Wärmeübergang und Betriebswärme.

Der Wärmeübergang von der Zylinderladung an die Wand und durch die Wandung an das Kühlwasser ist die Voraussetzung für die Entstehung der Betriebswärme.

Für seine Untersuchung werde zunächst die vereinfachende Annahme getroffen, daß der Wärmestrom eine stationäre Bewegung darstelle, die keinerlei periodische Schwankungen erleide.

Ferner sei sowohl die Zylinderbüchse mit Zylinderdeckel und sämtlichen Ventilkegeln als auch der Kolbenboden wassergekühlt.

Der physikalische Gesamtvorgang der Wärmeübertragung kann dann in drei Einzelvorgänge zerlegt werden, in

1. Wärmeübergang vom Zylinderinhalt zur Wand,
2. Wärmedurchgang durch die Wand,
3. Wärmeübergang von der Wand zum Kühlwasser.

Zu 1. Der Wärmeübergang zur Wand vollzieht sich teils durch Strahlung, teils durch Leitung und Berührung.

Der durch Strahlung vermittelte Wärmeübergang von der Gasladung an die Zylinderwand befolgt nach neueren Forschungen während

[1]) Die Reibungswärme der Lager und des Kolbens ist zwar auch eine Art „Betriebswärme“. Ihre Entstehung wird jedoch nicht durch Q_2, sondern von $A \cdot L$ verursacht, das an der Welle um den Betrag der Reibungswärme kleiner ist als im Zylinder.

der Verbrennung, Expansion und Verdichtung fast genau das Stefan-Boltzmannsche Gesetz und kann danach ausgedrückt werden durch:

$$Q_s = \sigma \left[\left(\frac{T_1}{100} \right)^4 - \left(\frac{T_2}{100} \right)^4 \right] \cdot F_i \cdot t \,, \tag{2}$$

worin

σ die zugehörige Strahlungszahl $\left[\frac{\text{Cal}}{\text{m}^2 \cdot \text{Std} \cdot \text{Grad}} \right]$,
T_1 die mittlere absolute Temperatur des Gases [Grad],
T_2 die mittlere absolute Temperatur der Innenwand [Grad],
F_i die für den Wärmeübergang verfügbare Oberfläche der Innenwand [m²],
t die Zeit in Stunden

bedeutet.

Die durch die Berührung und Leitung aufgenommene Wärme beträgt

$$Q_b = \alpha_1 (T_1 - T_2) \cdot F_i \cdot t \tag{3}$$

wobei α_1 die entsprechende Wärmeübergangszahl $\left[\frac{\text{Cal}}{\text{m}^2 \cdot \text{Std} \cdot \text{Grad}} \right]$ ist.

Insgesamt geht an Wärme an die innere Zylinderwand über:

$$Q_i = Q_s + Q_b$$

oder

$$Q_i = \left\{ \sigma \left[\left(\frac{T_1}{100} \right)^4 - \left(\frac{T_2}{100} \right)^4 \right] + \alpha_1 (T_1 - T_2) \right\} \cdot F_i \cdot t \,. \tag{4}$$

Zu 2. Der Wärmedurchgang durch die Wand ist abhängig von deren Wärmeleitfähigkeit $k \left[\frac{\text{Cal} \cdot \text{m}}{\text{m}^2 \cdot \text{Std} \cdot \text{Grad}} \right]$, ihrer Stärke l in m und dem Temperaturunterschied zwischen Zylinderinnen- und -außenwand. Es ist

$$Q_w = \frac{k}{l} (T_2 - T_3) F_m \cdot t \,^{1)} \,, \tag{5}$$

wenn

T_3 die mittlere absolute Temperatur der Außenwand F_a

und

F_m die mittlere Durchgangsfläche $\left(\text{angenähert } \frac{F_i + F_a}{2} \right)$ [m²]

[1]) Für die Rohrwand mit den Radien r_1, r_2 und der Länge l ist

$$Q = \pm 2\, k \cdot \pi \cdot L \cdot r \frac{dT}{dr} \cdot t \,.$$

In der Praxis benutzt man meist Gleichung (5).

bedeutet. Der Temperaturverlauf durch die Wand selbst kann für den stationären Zustand linear angenommen werden.

Zu 3. Der Wärmeübergang von der Wand zum Kühlwasser beträgt entsprechend der dort geltenden Wärmeübergangszahl α_2

$$Q_a = \alpha_2 (T_3 - T_4) \cdot F_a \cdot t \tag{6}$$

falls

die mittlere absolute Kühlwassertemperatur mit T_4 [Grad],
die äußere wasserumspülte Wandfläche mit F_a [m^2]

bezeichnet wird.

Für den angenommenen Wärmebeharrungszustand ist

$$Q_i = Q_w = Q_a = Q_{\text{Kühlwasser}} .$$

Über die Zahlengrößen der Beiwerte σ und α finden sich, hinsichtlich ihrer Anwendung auf den Wärmeübergang in der Verbrennungsmaschine, in der Literatur teilweise stark voneinander abweichende Angaben.

Weisshaar[1]) setzt bei seinen Untersuchungen über den Verlauf der Verbrennung im Dieselmotor die Gasstrahlung gleich der Strahlung des absolut schwarzen Körpers und erhält dadurch für σ Werte, die überraschend hoch sind. Desgleichen hat Rehfus[2]) durch Anlehnung an Versuche von Junkers für den Wärmebeitrag der Strahlung Zahlen gefunden, die mit den Untersuchungen von Neumann[3]) und Nusselt[4]) nicht in Einklang zu bringen sind.

Über die Wärmeübergangszahl α_1 lehren die Forschungen von Junkers[5]), Neumann und Nusselt, daß diese nicht nur, wie schon früher erkannt war, vom Temperaturunterschied, sondern auch vom Druck und der Geschwindigkeit der Gasladung abhängt. Nusselt hat für den Wärmeübergang in der Verbrennungsmaschine die Formel abgeleitet:

$$Q = \left\{0{,}362 \left[\left(\frac{T_1}{100}\right)^4 - \left(\frac{T_2}{100}\right)^4\right] + 0{,}99 \sqrt[3]{p^2\, T}\,(1 + 1{,}24\, w)\,(T_1 - T_2)\right\} \cdot F \cdot t, \tag{7}$$

---

[1]) Weisshaar, E., Untersuchungen über den Verlauf der Verbrennung im Dieselmotor. Diss. Berlin 1916.

[2]) Rehfus, Untersuchungen über den Verlauf der Verbrennung im Dieselmotor. Z. 1916, S. 459.

[3]) Neumann, Untersuchungen an der Dieselmaschine. Forschungsheft Nr. 245, 1921.

[4]) Nusselt, Der Wärmeübergang in der Verbrennungskraftmaschine. Forschungsheft 264.

[5]) Junkers, Studien und experimentelle Arbeiten zur Konstruktion meines Großölmotors. Jahrbuch der Schiffbautechnischen Ges. 1912, S. 264.

worin F die jeweils vom Kolben freigelegte wirksame Wandfläche [m^2],
T_1 die absolute Gastemperatur [Grad],
T_2 „ „ Wandtemperatur [Grad],
p der Gasdruck [at],
w die mittlere Kolbengeschwindigkeit [m/sk]
t die Zeit [Std.] bedeutet.

Die Formel Nusselts, in der das erste Glied den auffällig geringen Wärmeverlust durch Strahlung, das zweite den durch Leitung angibt, wird durch eigene und durch Versuche von Neumann gut begründet.

Ohne Rücksicht auf die Verschiedenheit der erwähnten Forschungsergebnisse genügt für die folgenden Untersuchungen zunächst die Erkenntnis, daß der Wärmeübergang unter sonst gleichbleibenden Bedingungen proportional dem Temperaturgefälle ist und sich in einfachster Form darstellen läßt durch

$$d\,Q = \alpha \cdot f\,(\Delta\,T) \cdot F \cdot d\,t, \tag{8}$$

nachdem die Wärmeübergangszahl α gemäß ihrer Definition $\left[\frac{\text{Cal}}{\text{Std} \cdot \text{m}^2 \cdot \text{Grad}}\right]$ die ganze, durch Berührung und Strahlung für 1 Grad Temperaturdifferenz in der Zeiteinheit von der Flächeneinheit ausgetauschte Wärmemenge auszudrücken vermag.

Für die Betriebswärme einer Maschine, d. h. für den Wärmeinhalt des Motorkörpers als Folge des zuletzt geschilderten Wärmeübertragungsprozesses, ist nun sowohl das Temperaturgefälle $T_1 \div T_2$, als auch $T_2 \div T_3$ maßgebend, letzteres insbesondere durch seine relative Höhenlage. Es fragt sich nun, in welchem engeren Zusammenhang die genannten Einzelgrößen zueinander stehen.

Der Temperaturunterschied $T_2 \div T_3 = \Delta\,T$ wird bedingt durch die Größe der Wärmemenge Q_i, die während eines Arbeitsspieles durch die wirksame Wandfläche F treten muß, sowie durch die Wärmeleitfähigkeit k und Stärke l des Wandungsmateriales. Bei ein und derselben Maschine ist deshalb $\Delta\,T$ nur abhängig vom Gefälle $T_1 \div T_2$, das allerdings, nachdem es selbst eine Funktion von T_2 ist, vorderhand keinen Aufschluß über die Temperaturverhältnisse der Wandung zu geben vermag.

Dafür gestattet die Wärmeübergangszahl α den Zusammenhang der Temperaturen $T_1 \div T_2$ und $T_3 \div T_4$ zu bestimmen, wodurch, da der Zahlenwert $T_2 \div T_3$ aus der ins Kühlwasser tretenden meßbaren Wärmemenge $Q_K = Q_i$, der Wärmeleitfähigkeit k und der Wandstärke l berechnet werden kann, auch die Höhenlage von T ermittelt ist.

Aus der allgemeinen Bezeichnung

$$Q = \alpha \cdot (T' - T'') \tag{9}$$

oder

$$\frac{Q}{\alpha} = \Delta\,T \tag{10}$$

geht hervor, daß der Temperaturunterschied zwischen den angrenzenden Medien (Gas ÷ Wand = $T_1 - T_2$; Wand ÷ Kühlwasser = $T_3 - T_4$) dort am kleinsten ist, wo α den höchsten Wert besitzt. Nun ist $\alpha_{\text{Verbrennungsgas}}$[1]) nur ein Bruchteil von $\alpha_{\text{Kühlwasser}}$[2]). Man kann folglich mit großer Annäherung an die Wirklichkeit annehmen, daß zwischen der Temperatur T_4 des Kühlwassers und der Temperatur T_3 der Außenwand der Zylinderbüchse kein bemerkenswerter Unterschied während der Wärmebeharrung vorherrscht.

Damit ist auch die absolute Mitteltemperatur T_2 der Innenwand bestimmt. Die mittlere absolute Temperaturlage der Zylinderwandung ist gleich der Summe aus mittlerer absoluter Kühlwassertemperatur plus mittlerer Temperaturspannung zwischen Innen- und Außenwand $\frac{(T_2 - T_3)}{2}$, woraus, wie später gezeigt wird, die Größe der Betriebswärme einer Maschine errechnet werden kann.

Gleichung (2) bis (8) sollten über das Wesen des Wärmeüberganges, dem ja die Entstehung der Betriebswärme als sekundäre Ursache zuzuschreiben ist, für die Verhältnisse der Verbrennungsmaschinen Aufschluß geben. Während aber der Wärmeein- und -austritt stets nur von den örtlichen Bedingungen, nicht aber von der Zeit abhängt, ist der Wärmedurchgang eine Funktion von Ort und Zeit, sobald die Voraussetzung des stationären Zustandes nicht erfüllt ist. Das ist aber in der Entwicklungszeit der Betriebswärme der Fall, wo Gleichung (5) keine Berechtigung mehr hat. Für die Untersuchung der Temperatur- und Wärmebewegung in der Wandung muß deshalb für diese Periode von anderen Hilfsmitteln Gebrauch gemacht werden.

c) Ableitung eines Gesetzes über die Entwicklung der Betriebswärme.

Ohne weiter darauf einzugehen, in welcher Weise der Maschinenkörper Wärme aufnimmt, werde die Entwicklung der Betriebswärme an Hand der von Fourier aufgestellten grundlegenden Gesetze der Wärmebewegung verfolgt[3]).

---

[1]) Nach Hütte 21. Aufl. $\alpha = 2 + 10\sqrt{v}$, wenn v die Gasgeschwindigkeit in m/sek. bezeichnet.

[2]) Nach Hütte 21. Aufl. $\alpha = 300 + 1800\sqrt{v}$, wenn v die Wassergeschwindigkeit in m/sek. bedeutet.

[3]) Fourier, M.: Théorie analytique de la chaleur Paris 1822; deutsch von Weinstein, Berlin 1884; in besonders übersichtlicher Form von Riemann-Weber in: „Partielle Differentialgleichungen der mathematischen Physik,“ Bd. 2, verarbeitet.

Der Wärmeinhalt eines Körpers gegenüber seiner Umgebung ist gegeben durch

$$Q = G \cdot c\,(t - t_0)\,, \tag{11}$$

worin G das Körpergewicht [kg], c dessen spezifische Wärme $\left[\frac{\text{Cal}}{\text{kg}\cdot\text{Grad}}\right]$, $t - t_0$ das Temperaturgefälle [Grad] bedeutet.

Bezeichnet man die Temperatur t_0 der Umgebung mit Null, so geht Formel (11) in

$$Q = G \cdot c \cdot t \tag{11a}$$

über. Wenn G und c konstant bleibt, so ist der Wärmeinhalt sofort aus der jeweiligen Temperatur t bestimmbar. Aus der Verfolgung des Temperaturverlaufes von einem gegebenen bis zu einem bestimmten Augenblick ergibt sich demnach das Gesetz der Vermehrung des Wärmeinhaltes für diese Zeit. Es handelt sich nun um Auffindung eines analytischen Ausdruckes, der alle aufeinanderfolgenden Temperaturzustände des Maschinenkörpers vom Beginn des Anfahrens bis zum Eintritt der Wärmebeharrung in eine Formel zusammenfaßt.

Zu diesem Zwecke ist es zunächst nötig, den Verlauf der Temperaturen von der Innenwand des Arbeitszylinders bis zur Außenwand in Abhängigkeit von Ort und Zeit zu verfolgen.

Die allgemeine Differentialgleichung der Wärmeleitung lautet:

$$c \cdot \gamma \frac{\partial T}{\partial t} = \frac{\partial k \frac{\partial T}{\partial x}}{\partial x} + \frac{\partial k \frac{\partial T}{\partial y}}{\partial y} + \frac{\partial k \frac{\partial T}{\partial z}}{\partial z}\,, \tag{12}$$

worin c die spezifische Wärme, γ das spezifische Gewicht $\left[\frac{\text{kg}}{\text{m}^3}\right]$ und k die Leitfähigkeit des Materiales, T die Temperatur des leitenden Körpers an irgendeiner Stelle, t die Zeit, x, y, z Raumkoordinaten bedeuten. Wenn c, γ und k konstant sind und $\frac{k}{c \cdot \gamma} = a^2 \left[\frac{\text{m}^2}{\text{Std.}}\right]$ gesetzt wird, so vereinfacht sich Gleichung (12) in

$$\frac{\partial T}{\partial t} = a^2 \left(\frac{\partial^2 T}{\partial x^2} + \frac{\partial^2 T}{\partial y^2} + \frac{\partial^2 T}{\partial z^2}\right). \tag{12a}$$

Denkt man sich den leitenden Körper im Vergleich zur x-Koordinate in der y—z-Ebene mathematisch unendlich ausgedehnt, wie es beispielsweise beim Zylinderdeckel der Fall ist, der aus einer unendlich großen Zahl von Stäben mit unendlich kleinem Querschnitt entstanden sein mag, so hängt die Temperatur T nur noch von der räumlichen Koordinate x ab und Gleichung (12a) nimmt die Form an:

$$\frac{\partial T}{\partial t} = a^2 \frac{\partial^2 T}{\partial x^2}\,. \tag{13}$$

Mit Rücksicht auf die Bedeutung, die Gleichung (13) für die folgenden Ausführungen hat, soll jene kurz abgeleitet werden.

Man denke sich ein Stabelement $x \div d\,x$ von der Länge $d\,x$ und der Querschnittsfläche F. An der Stelle x, wo das Temperaturgefälle $\frac{d\,T}{d\,x}$ ist, tritt dann die Wärmemenge $-k \cdot F \cdot \frac{d\,T}{d\,x} \cdot d\,t$ in der Zeit $d\,t$ in das Stabteilchen ein und an der gegenüberliegenden Stelle $x + d\,x$ eine Wärmemenge $-k \cdot F \left[\frac{d\,T}{d\,x} + \frac{d}{d\,x} \cdot \left(\frac{d\,T}{d\,x}\right) \cdot d\,x\right] \cdot dt$ heraus. Das negative Vorzeichen besagt hierbei, daß der Wärmestrom in Richtung der Temperaturabnahme fließt. Der Wärmeinhalt des Stabelementes wächst folglich um

$$-k \cdot F \frac{d\,T}{d\,x} \cdot d\,t - (-)\,k\,F \left[\frac{d\,T}{d\,x} + \frac{d}{d\,x}\left(\frac{d\,T}{d\,x}\right) \cdot d\,x\right] \cdot d\,t$$

$$= +\,k \cdot F \cdot \frac{d^2\,T}{d\,x^2} \cdot dx \cdot dt\,.$$

Durch die Zunahme des Wärmeinhaltes ist aber auch die Temperatur des Stabteilchens um $d\,T$ gestiegen, so daß der Wärmezuwachs ausgedrückt werden kann durch $c \cdot \gamma \cdot dT \cdot F \cdot dx$. Dieser Wert muß gleich sein dem oben für die Zeit dt berechneten, woraus folgt

$$c \cdot \gamma \cdot d\,T \cdot F \cdot d\,x = k \cdot F \cdot \frac{d^2\,T}{d\,x^2} \cdot d\,x \cdot d\,t$$

oder

$$\frac{d\,T}{d\,t} = \frac{k}{c \cdot \gamma}\,\frac{d^2\,T}{d\,x^2} = a^2 \cdot \frac{d^2\,T}{d\,x^2}\,. \tag{13a}$$

Wie man sieht, ist bei der nicht stationären Wärmeströmung die Temperatur sowohl von der Zeit t als auch vom Orte x abhängig; man schreibt deshalb gebräuchlicherweise Gleichung (13a) nach den Regeln der partiellen Differentiation in der Form $\frac{\partial\,T}{\partial\,t} = a^2 \cdot \frac{\partial^2\,T}{\partial^2\,x}$, die mit Gleichung (13) identisch ist. Gleichung (13) besagt, daß die zeitliche Änderung der Temperatur an einer beliebigen Stelle der örtlichen Änderung des Temperaturgefälles im Sinne der Wärmeströmung direkt proportional ist.

Um die Integration der Gleichung (13) durchführen zu können, werde zunächst, vorbehaltlich einer späteren Berichtigung, angenommen, daß die Außenwandtemperatur des Zylinders ständig = Null, die Innenwandtemperatur hingegen konstant = T sei. Die Funktion $T\,(t,\,x)$ ist demnach so zu bestimmen, daß sie der partiellen Differentialgleichung (13) genügt und daß die Nebenbedingungen:

für

$$t = 0 \qquad T = f\,(x) \tag{13b}$$

$$x = 0 \qquad T = 0 \tag{13c}$$

$$x = l \qquad T = T_0 \tag{13d}$$

erfüllt sind, wenn l die Wandstärke bezeichnet.

Nach Gleichung (13b—13d) ist also zur Zeit $t = 0$ eine bestimmte Temperaturverteilung in der Wandung vorhanden; später, zur Zeit $t_1, t_2 \ldots$, wirkt auf die Innenwand die Temperatur $T = T_0$, auf die Außenwand $T = 0$ ein (Abb. 1).

Die Lösung der Aufgabe erfolgt zweckmäßig durch Zerlegung in zwei einfache, indem man $T = T_1 + T_2$ setzt, wobei T_1 und T_2 Gleichung (13) genügen und die Nebenbedingungen erfüllen:

$$\text{für}\quad \left.\begin{aligned} t &= 0: & T_1 &= f(x) & &(14\text{a}) \\ x &= 0: & T_1 &= 0 & &(14\text{b}) \\ x &= l: & T_1 &= 0 & &(14\text{c}) \end{aligned}\right\} \text{I.} \qquad \left.\begin{aligned} T_2 &= 0 & &(14\text{d}) \\ T_2 &= 0 & &(14\text{e}) \\ T_2 &= T_0 & &(14\text{f}) \end{aligned}\right\} \text{II.}$$

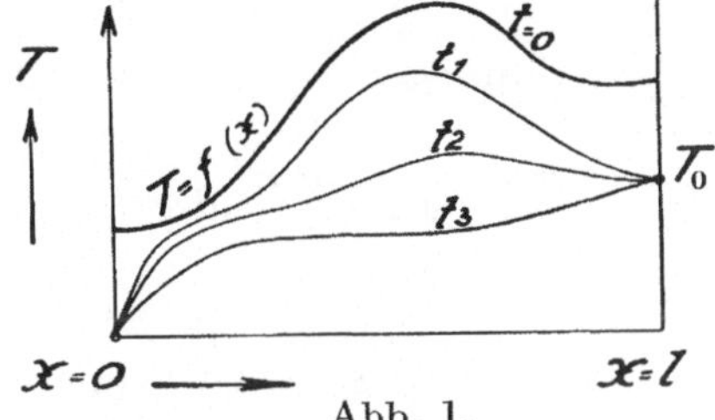

Abb. 1.

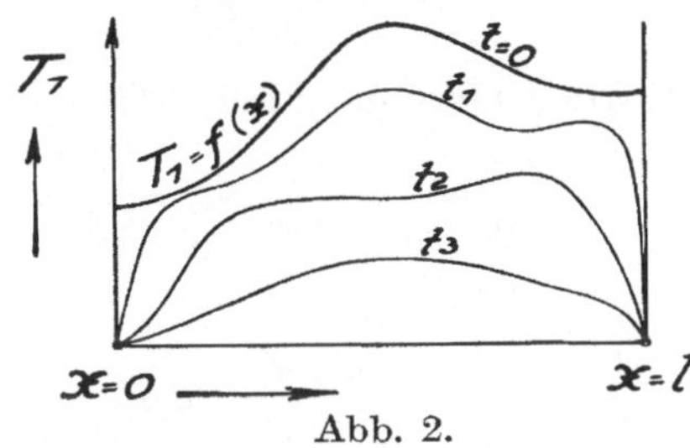

Abb. 2.

Nach den Nebenbedingungen 14a—14c herrscht folglich in der Wandung zur Zeit $t = 0$ eine gewisse Temperaturverteilung $f(x)$, zur Zeit t_1, t_2 usw. aber an der Innen- und Außenwand die Temperatur $T = 0$ (Abb. 2). Nach 14d—14f hingegen ist die Temperatur der Wandung zur Zeit $t = 0$ überall $T = 0$ und plötzlich wirkt auf die Innenwand ($x = l$) die Temperatur $T = T_0$ ein (Abb. 3).

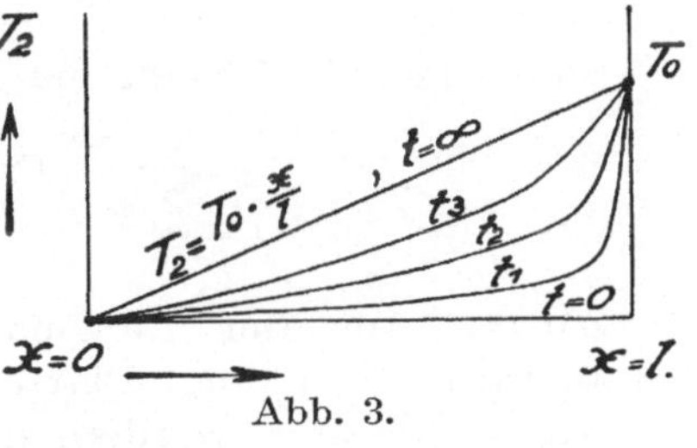

Abb. 3.

Zu I. Eine partikuläre Lösung von (13) ist

$$T_1 = e^{-\lambda^2 a^2 t} \sin \lambda x\,. \tag{15}$$

Sie befriedigt zugleich die Bedingungen (14b), ferner auch (14c), wenn $\lambda \cdot l = n \cdot \pi$ gesetzt wird, wo n eine ganze Zahl bedeutet. Multipliziert man mit einer vorläufig noch unbestimmten Konstanten A_n und setzt der Reihe nach $n = 1, 2, 3 \ldots$, so ergibt sich durch Summieren die allgemeine Lösung

$$T_1 = \sum_{n=1}^{\infty} A_n e^{-\frac{a^2 n^2 \pi^2 t}{l^2}} \cdot \sin \frac{n \pi x}{l}\,. \tag{16}$$

Die Koeffizienten sind so zu bestimmen, daß Bedingung (14a) erfüllt ist. Aus (16) und (14a) ergibt sich durch Entwickeln von $f(x)$ in Reihen von Winkelfunktionen

$$f(x) = \sum_{n=1}^{\infty} A_n \cdot \sin \frac{n \pi x}{l}\,. \tag{17}$$

nach dem Vorgang **Fouriers** durch Multiplikation von (17) mit $\sin\frac{m\pi x}{l}\cdot dx$ und Integration in den Grenzen zwischen 0 und l

$$\int_0^l f(x)\sin\frac{m\pi x}{l}\cdot dx = \sum_{n=1}^{\infty}\int_0^l A_n \sin\frac{n\pi x}{l}\cdot\sin\frac{m\pi x}{l}\cdot dx. \tag{17a}$$

Auf der rechten Seite dieser Gleichung wird

$$\int_0 \sin\frac{n\pi x}{l}\cdot\sin\frac{m\pi x}{l}\cdot dx = 0$$

bei allen Gliedern, bei denen $n \gtrless$ m ist. Wird hingegen $n = m$, so ist

$$\int_0^l \sin\frac{n\pi x}{l}\cdot\sin\frac{n\pi x}{l}\cdot dx = \frac{l}{2},\quad \text{da} \int_0^l \sin\frac{n\pi x}{l}\cdot\sin\frac{m\pi x}{l}\cdot dx$$

$$= \frac{1}{2}\int_0^l \cos\frac{(n-m)\pi x}{l}\cdot dx - \frac{1}{2}\int_0^l \cos\frac{(n+m)\pi x}{l}\cdot dx = \frac{1}{2}\int_0^l dx = \frac{l}{2}. \tag{17b}$$

Für die Konstante A_n ergibt sich, wenn man x mit α vertauscht

$$A_n = \frac{2}{l}\int_0^l f(\alpha)\sin\frac{n\pi\alpha}{l}\,d\alpha. \tag{18}$$

Somit ist die Lösung nach Gleichung (16) und (18):

$$T_1 = \frac{2}{l}\sum_{n=1}^{\infty} e^{-a^2\left(\frac{n\pi}{l}\right)^2 t}\sin\frac{n\pi x}{l}\int_0^l f(\alpha)\sin\frac{n\pi\alpha}{l}\,d\alpha. \tag{19}$$

Zu II. Aus der stationären Wärmeleitung ist bekannt, daß die Temperatur T in einer Platte, deren beide Seiten auf konstanten Temperaturen gehalten werden, nach genügend langer Zeit linear abnimmt und demnach eine Gerade darstellt (Gleichung 5, S. 5), deren Gleichung nach Abb. 3

$$T_2 = T_0\cdot\frac{x}{l} \tag{20}$$

lautet.

Gleichung (20) genügt der partiellen Differentialgleichung (13) und den Bedingungen (14e) und (14f).

Um auch Gleichung (14d) zu erfüllen, ist zu Gleichung (20) noch eine Funktion von x und t: $T_1(x, t)$ hinzuzufügen, die Gleichung (13) befriedigt, für $x = 0$ und $x = l$ zu Null wird und für $t = 0$ den Wert $-\frac{T_0\cdot x}{l}$ annimmt. Dieser Beitrag ergibt sich aus den Ausführungen zu I., wenn man dort $f(x) = -\frac{T_0 \cdot x}{l}$ setzt. Nach (19) kann geschrieben werden

$$T_1 = \frac{2}{l} \sum_{n=1}^{\infty} e^{-a^2\left(\frac{n\pi}{l}\right)^2 t} \sin\frac{n\pi x}{l} \cdot \int_0^l -\frac{T_0\,\alpha}{l} \sin\frac{n\pi\alpha}{l}\,d\alpha\,, \tag{21}$$

oder nach Vorziehen der Konstanten aus dem Integral

$$T_1 = -\frac{2\,T_0}{l^2} \sum_{n=1}^{\infty} e^{-a^2\left(\frac{n\pi}{l}\right)^2 t} \sin\frac{n\pi x}{l} \int_0^l \alpha \sin\frac{n\pi\alpha}{l}\,d\alpha\,. \tag{22}$$

Mittels der teilweisen Integration ist aber, wenn $\alpha = u$, $\sin\frac{n\pi\alpha}{l} \cdot d\alpha = dv$ gesetzt wird

$$\int u\,dv = u\,v - \int v\,du = -\frac{\alpha\,l}{n\pi} \cos\frac{n\pi\alpha}{l} + \frac{l^2}{n^2\pi^2} \sin\frac{n\pi\alpha}{l} \tag{23}$$

und nach Einführen der Grenzen

$$\int_0^l u\,dv = \int_0^l \alpha \sin\frac{n\pi\alpha}{l}\,d\alpha = -\frac{l^2}{n\pi} \cos n\pi = (-1)^{n+1} \frac{l^2}{n\pi}\,. \tag{24}$$

Dadurch geht Formel (22) in

$$T_1 = \frac{2\,T_0}{\pi} \sum_{n=1}^{\infty} \frac{(-1)^n}{n}\, e^{-a^2\left(\frac{n\pi}{l}\right)^2 t} \sin\frac{n\pi x}{l} \tag{25}$$

über, woraus sich mit $T_{(t=\infty)} = T_0 \frac{x}{l}$ ergibt:

$$\begin{aligned} T(x, t) &= T_2(x, t) + T_1(x, t) \\ &= T_0\left(\frac{x}{l} + \frac{2}{\pi} \sum_{n=1}^{\infty} \frac{(-1)^n}{n}\, e^{-a^2\left(\frac{n\pi}{l}\right)^2 t} \sin\frac{n\pi x}{l}\right). \end{aligned} \tag{26}$$

$$\left.\begin{array}{llll} \text{Für} & x = 0 & \text{wird} & T(x, t) = 0, \\ \text{,,} & x = l & \text{,,} & T(x, t) = 1, \quad \text{wenn } t > 0, \\ \text{,,} & x = l & \text{,,} & T(x, t) = 0, \quad \text{,,} \quad t < 0. \end{array}\right\} \tag{26a}$$

Die gesuchte Abhängigkeit der Temperatur von Ort und Zeit ist durch Gleichung (26) für die anfänglich gemachten Voraussetzungen völlig bestimmt. Sie ist der analytische Ausdruck der Temperaturkurven, die sich ergeben, wenn man aus ihr für verschiedene Werte von x und t die zugehörigen T errechnet und über den entsprechenden Abszissen aufträgt (Abb. 4). Für $t = 0$ geht die unendliche Summe in der Klammer über in $-\frac{\pi \cdot x}{2l}$ und die Temperatur wird $T = 0$; für $t \cong \infty$ verschwindet die Summe in der Klammer, so daß nur $T = T_0 \frac{x}{l}$ übrigbleibt. Bei endlichen Werten verfolgt aber die Temperaturverteilung Linienzüge, wie sie in Abb. 3 und 4 dargestellt sind.

Um nun entsprechend den Ausführungen auf S. 9 das Gesetz der Vermehrung des Wärmeinhaltes der Wandung zu finden, ist es notwendig, die Entwicklung der mittleren Temperaturen in Abhängigkeit von der Zeit festzulegen. Die mittlere Temperatur der Wandung in einem beliebigen Zeitpunkt t_y ist aber nichts anderes als die Fläche unter der in der Zeit t_y vorhandenen Temperaturkurve, dividiert durch die Wandstärke l.

Integriert man folglich Gleichung (26) in den Grenzen von 0 bis l und dividiert das Ergebnis durch l, so ergibt sich der zeitliche Verlauf der mittleren Temperaturen, wodurch nach früherem das gesuchte Entwicklungsgesetz des Temperatur- oder Wärmezustandes für den untersuchten Körper gefunden ist.

Es ist also

$$T(x, t) = \frac{x}{l} + \frac{2}{\pi} \sum_{n=1}^{\infty} \frac{(-1)^n}{n} \cdot e^{-a^2 \left(\frac{n\pi}{l}\right)^2 t} \sin \frac{n\pi x}{l} \tag{26b}$$

und die zu einer bestimmten Zeit t gehörige mittlere Temperatur

$$\Phi(t) = \frac{1}{l} \int_0^l T(x, t)\, dx \tag{27}$$

$$= \frac{1}{l} \int_0^l \left\{ \frac{x}{l} + \frac{2}{\pi} \sum_{n=1}^{\infty} \frac{(-1)^n}{n} e^{-a^2 \left(\frac{n\pi}{l}\right)^2 t} \sin \frac{n\pi x}{l} \right\} dx \tag{28}$$

$$= \frac{1}{2} + \frac{2}{l \cdot \pi} \sum_{n=1}^{\infty} \frac{(-1)^n}{n} e^{-a^2 \left(\frac{n\pi}{l}\right)^2 t} \frac{l}{n\pi} (-\cos n\pi + 1)\,. \tag{29}$$

Da $\cos n\pi = +1$ für gerade n und $= -1$ für ungerade n ist, so wird $-\cos n\pi + 1 = 0$ für gerade n und gleich 2 für ungerade n.

In Gleichung (29) fallen folglich in der Summe die Glieder für gerade n weg und es bleibt

$$\Phi(t) = \frac{1}{2} - \frac{4}{\pi^2} \sum{}' \cdot \frac{1}{n^2} e^{-a^2 \left(\frac{n\pi}{l}\right)^2 t}\,, \tag{30}$$

wo der Akzent am Summenzeichen bedeutet, daß n nur die ungeraden ganzen positiven Zahlen durchlaufen soll. Gleichung (30) ist der gesuchte analytische Ausdruck für das Entwicklungsgesetz der mittleren Temperatur- oder Wärmezunahme. Die Funktion $\Phi(t)$ soll deshalb eingehender diskutiert werden.

Φ (0) muß Null sein; in der Tat gibt Gleichung (30)

$$\Phi(0) = \frac{1}{2} - \frac{4}{\pi^2}\sum{}' \frac{1}{n^2} = \frac{1}{2} - \frac{4}{\pi^2}\underbrace{\left(1 + \frac{1}{3^2} + \frac{1}{5^2} + \frac{1}{7^2} + \ldots\right)}_{\frac{\pi^2}{8}} \quad (31)$$

$$= \frac{1}{2} - \frac{4}{\pi^2} \cdot \frac{\pi^2}{8} = \frac{1}{2} - \frac{1}{2} = 0\,. \quad (31\,\mathrm{a})$$

Für sehr große t ($t = \infty$) nähert sich jedes einzelne Glied der Reihe in (30) dem Wert Null; es nähert sich dann auch die Summe

$$\sum{}' \frac{1}{n^2} e^{-a^2\left(\frac{n\pi}{l}\right)^2}$$

Null, so daß $\Phi(\infty) = \frac{1}{2}$ wird. Das war vorauszusehen, da es sich im Grenzfall $t = \infty$ um die Mittellinie eines rechtwinkeligen Dreieckes von der Höhe $= 1$ handelt (Abb. 4).

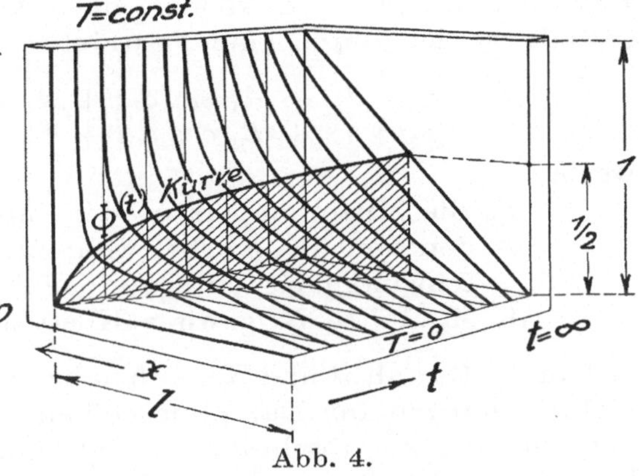

Abb. 4.

Um den genannten Verlauf der Kurve kennenzulernen, sei der erste Differentialquotient von (30) gebildet:

$$\Phi'(t) = \frac{4\,a^2}{l^2}\sum{}' e^{-a^2\left(\frac{n\pi}{l}\right)^2 t}\,, \quad (32)$$

der wieder eine konvergente Reihe darstellt, da die Exponentialfunktionen mit wachsendem n stark nach Null hin abnehmen. Aus (32) geht hervor, daß $\Phi'(t) > 0$ ist, folglich steigt die Kurve an. Für $t = 0$ wird $\Phi'(0) = \infty$; die Kurve beginnt demnach mit vertikaler Tangente; dann wird $\Phi'(t)$ mit wachsendem t immer kleiner, da die einzelnen Glieder der Summe in (32) ständig abnehmen. Endlich nimmt $\Phi'(t)$ für $t = \infty$ den Wert Null an, d. h. die Tangente wird schließlich horizontal. Die Gerade $\Phi(t) = \frac{1}{2}$ ist somit Asymptote an die entwickelte Kurve. In Abb. 4 ist ihr Verlauf festgehalten. Die Temperatur- und Wärmezunahme erfolgt demgemäß zuerst rasch, nimmt mit der Zeit ständig ab und endet nach Erreichung eines gewissen Dauerzustandes. Die Ordinaten der Kurve stellen für jedes t den Wärmeinhalt des Körperelementes dar.

Bei Ableitung der Gleichung (26) wurde von der Annahme ausgegangen, daß die Temperatur der Innenwand unveränderlich sei. Gleichung (26) hat folglich nur unter solcher Bedingung Berechtigung.

Um nun den wirklichen Temperaturverhältnissen der Zylinderwandungen von Kolbenhubmaschinen näherzukommen, soll jetzt die anfänglich gestellte Voraussetzung einer konstanten Innenwandtemperatur ausgeschaltet werden.

Bekanntlich schwankt bei allen Kolbenmaschinen die Temperatur des im Zylinder arbeitenden Mediums entsprechend den Wärmebedingungen des Kreisprozesses periodisch mit den Kurbelstellungen. Diese Schwankungen sind in ihrer Periodizität von dem Arbeitsspiel (2- oder 4-Takt) abhängig und können nach Grashof[1]) und Kirsch[2]) dargestellt werden durch eine Fouriersche Reihe in der Form

$$\left.\begin{aligned} T = T_0 &+ A_1 \sin \alpha t + A_2 \sin 2 \alpha t + \ldots \\ &+ B_1 \cos \alpha t + B_2 \cos 2 \alpha t + \ldots \end{aligned}\right\} \tag{33}$$

worin

T_0 die Mitteltemperatur der Innenwand,

α den von der Kurbel während der Zeit t mit konstanter Geschwindigkeit durchlaufenden Winkel, und

$A_1\ A_2 \ldots B_1\ B_2$ gewisse Koeffizienten geometrischer Reihen

bedeuten. Grashof und Kirsch haben hierüber eingehende theoretische Untersuchungen für Dampfmaschinen durchgeführt, allerdings jeweils nur für den Zeitabschnitt, in welchem die mittlere Temperatur T_0 konstant war. Da auch bei Verbrennungsmotoren die Temperaturschwankungen im Zylinderinneren in ihren Perioden denen der Dampfmaschinen ähnlich sind[3]), so sind die von Grashof und Kirsch gefundenen Ergebnisse im großen und ganzen auch auf jene übertragbar. Die folgenden Untersuchungen werden sich deshalb wiederum nur auf den Zeitabschnitt vor Erreichung des Dauerzustandes erstrecken.

Zunächst sei allgemein angenommen, die Innenwandtemperatur sei eine beliebige, gegebene Funktion der Zeit: $T = \varphi(t)$. Die Funktion T ist demnach so zu bestimmen, daß sie der partiellen Differentialgleichung (13) und den Nebenbedingungen

$$T = 0 \quad \text{für } t = 0 \tag{33a}$$

$$T = 0 \quad ,, \ x = 0 \tag{33b}$$

$$T = \varphi(t) \quad ,, \ x = l \tag{33c}$$

genügt. (Abb. 5.)

---

[1]) Grashof: Theoretische Maschinenlehre Bd. 3.

[2]) Kirsch: Die Bewegung der Wärme in den Zylinderwandungen der Dampfmaschine. Leipzig 1886.

[3]) Das gilt bei Zweitaktmotoren für das ganze Arbeitsspiel mit großer Annäherung, bei Viertaktmotoren ist Ähnlichkeit nur während des Arbeits- und Ausschubhubes vorhanden.

Die Temperatur der Innenwand ändere sich zunächst nicht stetig, sondern sprungartig von einem Intervall zum anderen. Es seien $t_0 = 0$, t_1, $t_2 \ldots t_3 \ldots t_3 \ldots t_\nu \ldots$ eine Reihe aufeinanderfolgender Zeitpunkte, und die Intervalle $\tau_\nu = t_{\nu+1} - t_\nu$. Es werde nun eine Funktion T_ν derart bestimmt, daß für $x = l$

$$T_\nu = 0 \text{ für } t < t_\nu \text{ und } t > t_{\nu+1} \tag{34}$$
$$T_\nu = \varphi(t_\nu) \text{ für } t_\nu < t < t_{\nu+1},$$

während für $x = 0$, T_ν stets 0 sein soll. Dann ist, wenn T_ν gemäß diesen Bedingungen für $\nu = 0, 1, 2, \ldots n$ bestimmt ist,

$$T = T_0 + T_1 + T_2 + \ldots + T_{n-1} \tag{35}$$

eine Funktion, die Gleichung (13) und (33a bis c) genügt, solange $t < t_n$ und $\varphi(t)$ im Intervall τ_ν konstant $= \varphi(t_\nu)$ bleibt. (Abb. 5.) Die Temperatur T entsteht folglich aus der Übereinanderlagerung aller n Zustände. Um nun T_ν zu finden, sei eine neue Funktion $\chi(x, t)$ aufgestellt mit der Bestimmung

$$\chi(x, t) = 0 \text{ für } t \leqq 0.$$

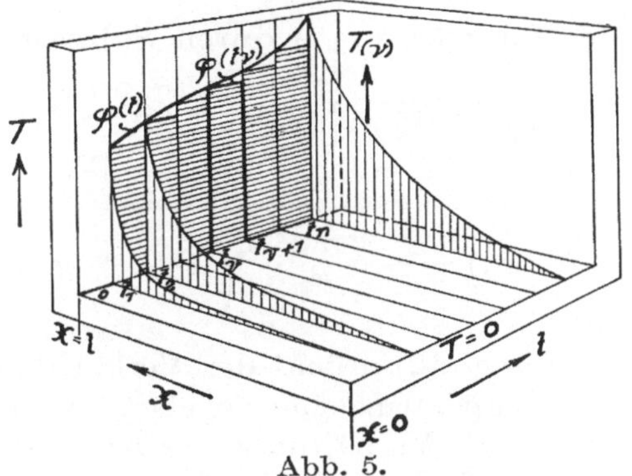

Abb. 5.

Nach Gleichung (26) kann dann geschrieben werden:

$$\chi(x, t) = \frac{x}{l} + \frac{2}{\pi} \sum_{n=1}^{\infty} \frac{(-1)^n}{n} e^{-a^2 \left(\frac{n\pi}{l}\right)^2 t} \cdot \sin \frac{n\pi x}{l} \text{ für } t > 0. \tag{36}$$

$$\text{Für } x = 0 \quad \text{wird} \quad \chi(x, t) = 0, \tag{36a}$$
$$\text{,,} \quad x = l \quad \text{,,} \quad \chi(x, t) = 1, \quad \text{wenn} \quad t > 0, \tag{36b}$$
$$\text{,,} \quad x = l \quad \text{,,} \quad \chi(x, t) = 0, \quad \text{,,} \quad t < 0. \tag{36c}$$

Die rechte Seite von Gleichung (36) geht für $t = 0$ stetig in Null über. Für jedes x zwischen 0 und l ist $\chi(x, t)$ eine stetige Funktion von t, wie auch für jedes konstante t eine stetige Funktion von x.

Hingegen ist $\chi(l, t)$ eine unstetige Funktion von t, da sie bei $t = 0$ plötzlich von 0 zu 1 übergeht. Weil $\chi(x, t)$ ferner die partielle Differentialgleichung (13) befriedigt, so erfüllt die Funktion

$$T_\nu = \varphi(t_\nu) [\chi(x, t - t_\nu) - \chi(x, t - t_{\nu+1})] \tag{37}$$

die gestellten Forderungen. Für $t < t_n$ ist deshalb

$$T = \sum_{\nu=0}^{\nu=n-1} \varphi(t_\nu) [\chi(x, t - t_\nu) - \chi(x, t - t_{\nu+1})]. \tag{38}$$

Soll die Temperaturänderung stetig ineinander übergehen, so müssen die Intervalle τ_ν unendlich klein und ihre Zahl unendlich groß werden. Dann ist

$$\left.\begin{aligned}\frac{\chi(x,t-t_\nu)-\chi(x,t-t_{\nu+1})}{\tau_\nu} &= \frac{\chi(x,t-t_{\nu+1}+\tau_\nu)-\chi(x,t-t_{\nu+1})}{\tau_\nu}\\ &= \frac{\partial\chi(x,t-t_{\nu+1})}{\partial t}\end{aligned}\right\} \quad (39)$$

und

$$T=\int_0^t \varphi(\tau)\,\frac{\partial\chi(x,t-\tau)}{\partial t}\,d\tau \quad (40)$$

oder für $\chi(x,t-\tau)$ durch Substitution von (36)

$$\frac{\partial x(\chi,t-\tau)}{\partial t}=-\frac{2\pi a^2}{l^2}\sum_{n=1}^{\infty}(-1)^n\cdot n\cdot e^{-a^2\left(\frac{n\pi}{l}\right)^2(t-\tau)}\sin\frac{n\pi x}{l}. \quad (41)$$

$$T(x,t)=-\frac{2\pi a^2}{l^2}\sum_{n=1}^{\infty}(-1)^n\cdot n\cdot\sin\frac{n\pi x}{l}\int_0^t e^{-a^2\left(\frac{n\pi}{l}\right)^2(t-\tau)}\varphi(\tau)\cdot d\tau. \quad (42)$$

Gleichung (42) drückt den Verlauf der Temperatur aus, wenn die Innenwandtemperatur eine gegebene Funktion der Zeit $\varphi(\tau)$ ist. In Annäherung an die Verhältnisse der Kolbenmaschinen werde nun angenommen, die Veränderlichkeit der Innenwandtemperatur erfolge periodisch, und zwar, wenn Θ die Maschinenperiode, d. h. eine beliebige Größe zwischen 0 und 1 bedeutet, nach dem Gesetz

$$\varphi(\tau)=h+\cos\frac{2\pi}{\Theta}\cdot\tau\text{[1]}. \quad (43)$$

Dieses besagt, daß die Temperaturschwankungen nach dem Gesetz der harmonischen Schwingung verlaufen und sich um einen beliebigen Wert h lagern. Wäre eine andere Gesetzmäßigkeit gegeben, so ließe sich solch ein allgemeiner Fall immer durch Anwendung der Fourierschen Reihen auf eine harmonische Schwingung zurückführen. Gleichung (43) ist ähnlich aufgebaut wie Gleichung (33), wenn man die höheren Harmonischen außer acht läßt. Sie kann deshalb für die Verhältnisse der Kolbenmaschinen Anwendung finden, wobei allerdings ersichtlich ist, daß durch sie eine vollkommene Charakteristik der Temperaturschwankungen im Arbeitszylinder nicht gegeben werden kann. Gleichung (43) gestattet aber in einfacher Weise zu zeigen, daß eine gewisse periodische Abhängigkeit zwischen

[1]) Für Zweitakt; für Viertakt $\frac{4\pi}{\Theta}$

Maschinenlauf (Kurbelbahn) und Temperaturschwankung vorhanden ist, was dem eigentlichen Zweck der beabsichtigten Untersuchungen genügt und im Gegensatz zu (33) die Rechnungen nicht unwesentlich erleichtert.

Es sei zur Abkürzung

$$\beta = \frac{2\pi}{\Theta}, \qquad \alpha = \frac{a^2 n^2 \pi^2}{l^2},$$

dann ist die Temperaturverteilung in der Innenwand gemäß Gleichung (42)

$$T(x,t) = -\frac{2\pi a^2}{l^2} \sum_{n=1}^{\infty} (-1)^n \cdot n \cdot \sin\frac{n\pi x}{l} \cdot e^{-\alpha t} \int_0^l e^{\alpha\tau}(h + \cos\beta\tau)\, d\tau \tag{44}$$

$$\left.\begin{aligned} = &-\frac{2\pi a^2}{l^2} \sum_{n=1}^{\infty} (-1)^n \cdot \frac{h}{\alpha} \cdot n \cdot \sin\frac{n\pi x}{l} + \frac{2\pi a^2}{l^2} \sum_{n=1}^{\infty} (-1)^n \cdot \frac{hn}{\alpha} e^{-\alpha t} \cdot \sin\frac{n\pi x}{l} \\ &-\frac{2\pi a^2}{l^2} \sum_{n=1}^{\infty} (-1)^n \cdot n \cdot \sin\frac{n\pi x}{l} \cdot \frac{\alpha\cos\beta t + \beta\sin\beta t}{\alpha^2 + \beta^2} \\ &+\frac{2\pi a^2}{l^2} \sum_{n=1}^{\infty} (-1)^n \cdot n \cdot \sin\frac{n\pi x}{l} \cdot e^{-\alpha t} \cdot \frac{\alpha}{\alpha^2 + \beta^2}. \end{aligned}\right\} \tag{44a}$$

Von den 4 Gliedern der rechten Seite dieser Gleichung sind die 2 ersten genau die mit h multiplizierten 2 Glieder der Gleichung (26b); denn das erste Glied in (44a) hat den Wert $\frac{h \cdot x}{l}$. Die zwei letzten Glieder rühren von der Periode Θ her.

Berechnet man analog den früheren Ausführungen wieder die mittlere Temperaturverteilung für eine bestimmte Zeit t, so ergibt sich endgültig die Gleichung der gesuchten Kurve:

$$\left.\begin{aligned} \Phi(t) = \frac{1}{l} \cdot \int_0^l T(x,t)\, dx = \frac{h}{2} - \frac{4h}{\pi^2} {\sum}' \frac{1}{n^2} e^{-\alpha t} \\ + \frac{4a^2}{l^2} {\sum}' \frac{\alpha\cos\beta t + \beta\sin\beta t - \alpha e^{-\alpha t}}{\alpha^2 + \beta^2}, \end{aligned}\right\} \tag{45}$$

die im Aufbau Gleichung (29) entspricht.

Für die Diskussion der durch Gleichung (45) gegebenen Kurve werde der erste Differentialquotient gebildet:

$$\Phi'(t) = \frac{4h^2 a^2}{l^2} {\sum}' e^{-\alpha t} + \frac{4a^2}{l^2} {\sum}' \frac{-\alpha\beta\sin\beta t + \beta^2\cos\beta t + \alpha^2 e^{-\alpha t}}{\alpha^2 + \beta^2}. \tag{46}$$

Die beiden ersten Glieder der rechten Seite von (45) und das erste Glied von (46) sind wieder die mit h multiplizierten rechten Seiten von (30) und (32), denen sich ein periodisches Glied überlagert. Auch hier wird $\Phi(0) = 0$ und $\Phi'(0) = \infty$, da in (46) für $t = \infty$ jedes der unendlich vielen Glieder in beiden Summen $= 1$ wird. Die Kurve $\Phi(t)$ (Gleichung 45) lagert sich also um die einfache $\Phi(t)$-Kurve der Gleichung (30) wellenartig (Abb. 6).

Bei $t = 0$ setzt sie, wie die $\Phi(t)$-Kurve in Gleichung (30), mit auf der Zeitachse senkrechter Tangente im Ursprung ein. Für sehr große t $(t = \infty)$ wird $e^{-\alpha t} = 0$; die Summe am Ende in Gleichung (45) und (46) nimmt dann die Gestalt $A \cos \beta t + B \sin \beta t$ an, worin A und B Konstante sind. Es tritt also nach längerer Zeit eine rein periodische Schwankung um die mittlere Temperatur ein, mit den Amplituden

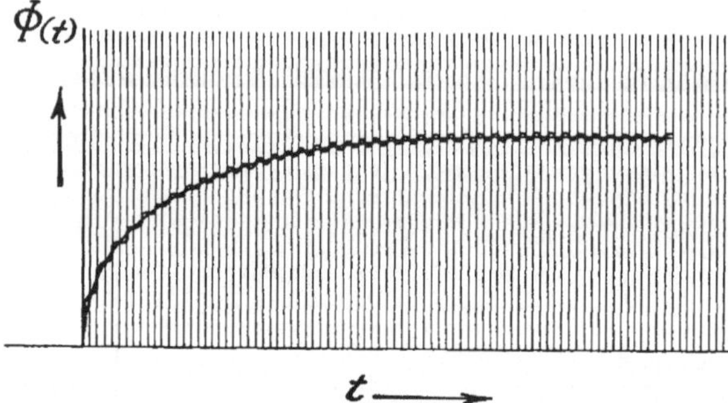

Abb. 6.

$$\sqrt{A^2 + B^2} = \frac{4\,a^2 \beta}{l^2} \sqrt{\left(\sum{}' \frac{\alpha}{\alpha^2 + \beta^2}\right)^2 + \beta^2 \left(\sum{}' \frac{1}{\alpha^2 + \beta^2}\right)^2}. \qquad (47)$$

Am Anfang, wo bei kleinen t $e^{-\alpha t}$ noch nicht Null ist, kommen die rein periodischen Schwankungen um die Mitteltemperatur nicht voll zum Ausdruck.

Das Gesetz der mittleren Temperatur- und Wärmeentwicklung, dessen Charakteristik an Hand der Abb. 4 bereits besprochen wurde, erfährt jedoch durch die periodischen Temperaturschwankungen keine störende Veränderung.

Den gesamten vorliegenden Untersuchungen lag stets die Annahme zugrunde, daß die Außenwandtemperatur konstant sei. Die wirklichen Verhältnisse zeigen, daß diese Voraussetzung nicht zutrifft; denn das Ansteigen der Außenwandtemperatur kann selbst mit den größten Mengen der dem Betrieb zur Verfügung stehenden Kühlmittel nicht verhindert werden.

Dies ist aber für die charakteristische Form der entwickelten Kurven belanglos. Denn wächst die End- und gegebenenfalls auch Anfangstemperatur, so werden die Mitteltemperaturen und die $\Phi(t)$-Kurven um einen entsprechenden Betrag pro Zeitelement höher und die Kurven dadurch steiler; ihr genereller Charakter bleibt jedoch unverändert.

Es möge noch Erwähnung finden, daß die periodischen Temperaturverhältnisse in den Wandungen der Zylinderbüchse als Folge der hin- und hergehenden Kolbenbewegung und des Wärmeflusses nach verschiedenen Richtungen zweifelsohne verwickelter sind als beim Deckel und Kolbenboden, für welche eigentlich die partielle Differentialgleichung (13) nur zutrifft. Im großen und ganzen wird aber der mittlere Temperatur- und Wärmeverlauf auch dort den $\Phi(t)$-Kurven ähnlich sein.

Nachdem die Temperaturverteilung der Wandung des Arbeitszylinders in Abhängigkeit von Ort und Zeit bekannt ist, ist die Möglichkeit gegeben, an Hand der $\Phi(t)$-Kurven auch den Wärmefluß zu beurteilen.

Wie bereits erwähnt, stellen die einzelnen Ordinaten der $\Phi(t)$-Kurven außer der mittleren Temperatur auch den mittleren Wärmeinhalt der Wandung des Arbeitszylinders dar. Unter Voraussetzung gleichbleibender Wärmezufuhr in den Zylinder, d. h. konstanter, mittlerer Innenwandtemperatur, ist die zuerst rasch, später langsamer erfolgende Steigerung der Wandungswärme nur möglich, wenn dem Zylinderkörper anfänglich viel, später immer weniger Wärme zum Aufladen zur Verfügung steht. Da aber der Wärmeübergang in die Innenwand unter den gestellten Bedingungen gleichbleibt, so muß folglich der Wärmeaustritt aus der Außenwand mit wachsender Zeit stetig zunehmen. Der Wärmeaustritt aus der Außenwand befolgt mithin ein Gesetz, das analytisch gleich ist dem der $\Phi(t)$-Kurve (Abb. 4), während sich das Aufladen des Wandungskörpers mit Wärme durch $\frac{1}{\Phi(t)}$ darstellen läßt. Nach Eintritt des Dauerzustandes ist die in die Innenwand übergehende Wärme gleich der aus der Außenwand austretenden zuzüglich einem prozentual geringen Betrag für Leitungs- und Strahlungsverluste der Oberfläche. Vom Augenblick der Beharrung an ist das der Belastung (Wärmezufuhr) entsprechende Maximum des Wärmeabflusses und das zugehörige Minimum des Wärmeentzuges erreicht.

Den periodischen Temperaturschwankungen der Kurve Abb. 6 stehen sinngemäß periodische Schwankungen des Wärmeflusses gegenüber, wobei jene den Wärmeschwankungen mit einer gewissen Phasenverschiebung nacheilen und ihre Amplituden von der Innen- zur Außenwand hin stetig abnehmen. Abb. 6 läßt erkennen, daß der Wärmestrom in einen der Zeit direkt proportionalen und einen periodischen Teil zerfällt, wozu sich noch für den Abschnitt des nichtstationären Zustandes ein drittes Glied summiert, das mit wachsender Zeit immer mehr abnimmt, um nach Eintritt der Beharrung Null zu werden[1]).

[1]) Dasselbe Ergebnis findet man mit Hilfe der allgemeinen Gleichung des Wärmeflusses $dQ = -kF\frac{\partial T}{\partial x}dt$. Da aber Gleichung (44) nur bedingt konvergent ist und überhaupt schlecht konvergiert, so müßte für die partielle Differentiation eine Transformation der Gleichung (44) unter Benützung der Theorie der Thetafunktionen durchgeführt werden. Ich verzichte hier auf die Wiedergabe der tief in die Theorie der Reihen eingreifenden Umformung, nachdem die ganze Untersuchung nicht mehr bietet, als aus den $\Phi(t)$-Kurven ohnehin ersichtlich ist.

d) Die Größenbestimmung der Betriebswärme.

1. Berechnung der Betriebswärme nach dem Gesetz der Erhaltung der Energie.

Nach diesem muß die Summe der zugeführten Wärme- und Arbeitsmengen stets gleich sein der Summe der abgeführten Wärme- und Arbeitsmengen.

Es bedeute

$d\,Q_1$ die während eines Kreisprozesses dem Verbrennungzylinder zugeführte Wärme,

$d\,Q_2'$ den während eines Kreisprozesses im Verbrennungszylinder nicht in mechanische Arbeit umgesetzten Teil der Wärme $d\,Q_1$,

$d\,Q_2''$ die aus dem Maschinenkörper pro Kreisprozeß abgeführte Wärme, vollkommene Verbrennung der Zylinderladung vorausgesetzt,

a den Anfangsprozeß,

b denjenigen Prozeß, nach dessen Verlauf die Wärmebeharrung erreicht ist,

dann ist die Größe der Betriebswärme

$$Q_B = \int_a^b d\,Q_2' - \int_a^b d\,Q_2''. \tag{48}$$

Für die Auswertung von Gleichung (48) benötigt man zunächst das Integral $\int_a^b d\,Q_2'$, das die vom Anfahren bis zum Eintritt der Beharrung insgesamt pro Kreisprozeß nicht in mechanische Arbeit umgesetzte Wärme angibt. Diese läßt sich mittels eines indizierenden „Leistungszählers", der jeden im Zylinder verlaufenden Arbeitszyklus im Diagramm festhält, bestimmen. Die Differenz zwischen der zugeführten Wärme Q_1, die aus dem verbrauchten Brennstoff und seinem Heizwert meßbar ist, und dem Wärmeäquivalent der aus den Diagrammen planimetrisch ermittelten mechanischen Arbeiten

$$\int_a^b A\,d\,L \qquad \text{ergibt} \qquad \int_a^b d\,Q_2'.$$

Die Integralgrenze b kann entweder durch vergleichende Flächenmessung aus den Diagrammen, oder einfacher durch Thermometerbeobachtung gefunden werden. Für letztere eignet sich besonders das Thermometer des Kühlwasseraustrittes und der Abgase. Sobald die Temperatur des austretenden Kühlwassers und der Abgase unverändert bleibt, ist die Wärmebeharrung erreicht.

Die Grenze a ergibt sich aus demjenigen Kreisprozeß, der nach Einsetzen der Verbrennung erstmalig positive mechanische Arbeit leistet. Er ist aus den Diagrammen feststellbar.

Die aus dem Maschinenkörper tatsächlich bis zur Beharrung abgeführte Wärme $\int_a^b d\,Q_2''$ läßt sich, wenn man die durch unvollkommene Verbrennung verlorengehende Wärmemenge nicht beachtet, angenähert aus Abgas- und Kühlwasserwärme errechnen. Für genauere Wertbestimmung müßten die mit zunehmender Körpertemperatur einsetzenden Leitungs- und Strahlungsverluste berücksichtigt werden. Da diese erfahrungsgemäß selbst bei völlig betriebswarmer Maschine nur wenige Prozente von Q_1 betragen, ist ihre rechnerische Vernachlässigung auf die, wie später gezeigt wird, ohnehin bedingte Genauigkeit des Ergebnisses ohne Einfluß.

Eine ebenfalls auf dem Gesetz der Erhaltung der Energie aufgebaute Berechnungsart der Betriebswärme ist in anderem Gewande folgende:

Es bedeute:

Q_1 die insgesamt der Maschine bis zur Wärmebeharrung zugeführte Wärme [innere Energie des Gasluft- oder Ölluftgemisches[1])],

Q_2 die insgesamt aus der Maschine bis zur Wärmebeharrung abgeführte Wärmemenge, vollkommene Verbrennung der Zylinderladung vorausgesetzt,

Q_B die Betriebswärme,

L_1 die indizierte gewonnene Arbeit } in mkg,

L_2 die indizierte aufgewandte Arbeit } in mkg,

A das Wärmeäquivalent für 1 mkg $= \frac{1}{427}$ Cal, dann ist

$$Q_1 + A \cdot L_2 = Q_2 + Q_B + A\,L_1 \tag{49}$$

oder

$$Q_B = Q_1 + A \cdot L_2 - (Q_2 + A\,L_1)\,. \tag{50}$$

Hierin ergibt sich

Q_1 aus Gewicht und Heizwert des verbrannten Brennstoffes,

Q_2 aus Kühlwasser- und Abgaswärme.

Die mechanischen Arbeiten L_1 und L_2 werden am zweckmäßigsten mittels des schon erwähnten registrierenden Leistungszählers bestimmt. Es wäre auch möglich, hierzu elektrische Leistungsmesser zu verwenden, jedoch ist für diesen Fall die vorherige Aufstellung der Wirkungsgradkurven der erforderlichen Wärme- und Elektromaschinen notwendig.

Die bis zur Beharrung eintretenden Leitungs- und Strahlungs- sowie Wärmeverluste durch unvollkommene Verbrennung sind auch bei diesen Messungen unberücksichtigt. Der Eintritt der Wärmebeharrung

[1]) Bei Dieselmaschinen mit Einschluß der Einblaseluftenergie.

läßt sich durch Kühlwasser- und Abgasthermometer feststellen. Desgleichen wäre es möglich, ihn aus der Brennstoffmessung zu bestimmen, falls jene mit durchlaufender Wägung in tunlichst engen Zeitabschnitten erfolgt.

2. Kritik zu d_1.

Trotz ihrer energetischen Richtigkeit ergeben Gleichung (48) und (50) bei der praktischen Anwendung nur Annäherungswerte.

Der Grund hierfür liegt zunächst in der Unvollkommenheit der Messung der Einzelgrößen. Die Genauigkeit der Flächenbestimmung aus den Diagrammen des Leistungszählers, die wegen der hohen Drucke mit starken Federn aufgenommen werden müssen, ist von vorneherein beschränkt. Dazu kommt, daß es selbst mit registrierenden Thermometern (Thermographen) nicht gelingt, den zeitlichen Beginn der vollen Wärmebeharrung einwandfrei genau festzustellen, weil die parabelähnlich gekrümmte Temperaturkurve, aufgetragen über eine Zeitachse, gegen den Eintritt der Beharrung zu stetig flacher in eine Parallele zur Abszisse übergeht.

Weiterhin entspricht die Voraussetzung einer vollkommenen Verbrennung der Zylinderladung während der Übergangszeit von kalter zu betriebswarmer Maschine keineswegs der Wirklichkeit. Zu Anfang des Betriebes ist die Verbrennung in jedem Verpuffungs- und Gleichdruckmotor unvollständig, da vom ersten Hub an Brennstoff und Luft der sich ändernden Zylindertemperatur und Drehzahl qualitativ unmöglich richtig angepaßt werden können. Entweder ist die Ladung übersättigt, oder brennstoffarm; in beiden Fällen wird die Verbrennung durch das falsche Mischungsverhältnis träge, wodurch ein Teil der Brennstoffwärme unausgenutzt durch den Auspuff entweicht und die Bilanz verzerrt. Eine restlose Verbrennung bedingt stets eine vollkommene Gemischbildung, diese aber verlangt von der Maschine eine gewisse mechanische Beharrung und Eigenwärme des Zylinderkörpers, Forderungen, die sich bei Beginn des Betriebes nie erfüllen lassen. Da die durch den Auspuff entweichende, nicht umgewandelte Brennstoffwärme in der zugeführten Wärme Q_1 enthalten ist, in Q_2[1]) und $A \cdot L_1$ aber nicht nachgewiesen werden kann, so geht daraus hervor, daß Gleichung (48) und (50) eine zu große Betriebswärme ergeben. Im gleichen Sinne wirkt die praktisch zwar bedeutungslose Vernachlässigung der Leitungs- und Strahlungsverluste.

---

[1]) Bei einer in Betriebsbeharrung befindlichen Maschine ist der Gehalt der Auspuffgase an unverbrannten Gasteilen auf volumetrischem Wege sowohl als auch durch Gewichtsbestimmung periodisch errechenbar; für einen *ganzen* Betriebsabschnitt ist es jedoch aus technischen Gründen unmöglich.

Die beiden Gleichungen (48) und (50) mögen deshalb nur als symbolische Ausdrücke der Betriebswärme dienen, nicht aber, um für eine gewisse Maschine und bestimmten Belastungsgrad ihre Zahlengröße zu errechnen.

3. Berechnung der Betriebswärme auf Grund der Formel $Q_B = G \cdot c \cdot \Delta t$.

Wie früher erwähnt, ist der Sitz der Betriebswärme hauptsächlich im eigentlichen Zylinderkörper. Da nach Abschnitt b und c dessen mittlere Temperatur für den Beharrungszustand errechnet und gemessen werden kann und ebenso die Gewichtsbestimmung des Zylinders durch Messung oder Rechnung möglich ist, so läßt sich auch die Betriebswärme aus der allgemeinen Formel des Wärmeinhaltes eines Körpers:

$$/\; Q = G \cdot c \cdot \Delta t \;/ \qquad (51)$$

ermitteln. Hierin bedeutet

G das Gewicht des Zylinderkörpers [kg],

c die spezifische Wärme des Materiales $\left[\frac{\text{Cal}}{\text{kg} \cdot \text{Grad}}\right]$,

Δt den Unterschied zwischen der mittleren Zylindertemperatur und der Temperatur der Maschinenraumluft [Grad].

Der so gefundene Wert ist im Vergleich zum wirklichen etwas zu klein, da er die in die Zylindernachbarteile eingeflossene Wärme nicht berücksichtigt.

Eine weitere Art zur Bestimmung der Betriebswärme auf Grund der Gleichung (51) ist folgende:

Man schickt durch die in Wärmebeharrung befindliche Maschine nach dem Abstellen der Brennstoffzufuhr noch so lange Kühlwasser hindurch, bis der Motorkörper die Temperatur der Maschinenhausluft angenommen hat. Das Produkt aus:

Kühlwassergewicht[1]) · mittlere Wassertemperatur

stellt die Betriebswärme dar. Die während der Abkühlungszeit auftretenden Leitungs- und Strahlenverluste sind allerdings auch in dieser Rechnung unberücksichtigt. Da aber während des Auslaufes die kinetische Energie der Schwung- und Triebwerksmassen größtenteils als Kolbenreibungswärme ins Kühlwasser übergeht, ferner von diesem, falls die Kompression nicht aufzuheben ist, die Verdichtungswärme aufgenommen wird, so dürfte immerhin ein Teil jener Verluste wieder ausgeglichen werden.

Die letzte Art der Ermittlung der Betriebswärme hat den Vorteil großer Einfachheit und voraussichtlich auch Genauigkeit. Sie verdient

---

1) Am zweckmäßigsten durch Danaiden gemessen.

deshalb den früher erwähnten für praktische Messungen vorgezogen zu werden. Die Genauigkeit des Ergebnisses läßt sich durch Steigerung des Kühlwasserdurchlaufes erhöhen: je rascher die Abkühlung erfolgt, um so steiler fällt die Temperaturkurve zur Zeitachse, um so kleiner werden auch die durch Leitung und Strahlung während der Abkühlungszeit entstehenden Fehler.

Es bedarf keiner besonderen Betonung, daß die Betriebswärme auch ein und derselben Maschine keine konstante, sondern veränderliche Größe ist. Denn die mittlere absolute Gastemperatur ist proportional der Wärmezufuhr in den Verbrennungszylinder, deren Intensität entsprechend der Belastung schwankt. Desgleichen bewirkt die Änderung der sekundlich wirksamen Kühlwassermenge ein Heben und Senken der mittleren Wandungstemperatur und sinngemäß eine Zu- oder Abnahme des Wärmeinhaltes des Maschinenkörpers auch bei konstanter Belastung.

e) Die Betriebswärme in bautechnischer Abhängigkeit von der Maschine.

Die bisherigen Betrachtungen über das Wesen der Betriebswärme erfolgten von rein wärmetechnischen Gesichtspunkten aus.

Der Vollständigkeit halber sei eine kurze Untersuchung vom bautechnischen Standpunkte aus vorgenommen, wobei von vornherein erwähnt werden soll, daß beide mehr oder minder zusammenhängen und nicht voneinander zu trennen sind.

Unter Voraussetzung gleicher Zylinderleistung sowie Temperatur- und Wärmeverhältnisse des Kreisprozesses ist die Betriebswärme langsam laufender Motoren nach Gleichung (51) größer als die raschlaufender, da bei jenen der Wert

$$\frac{\text{Zylindergewicht}}{\text{Pferdestärke}} \quad \text{oder} \quad \frac{\text{Zylindergewicht}}{\text{Wärmezufuhr pro Zeiteinheit}}$$

höher ist als bei letzteren. Eine langsam laufende Maschine braucht deshalb zur Erlangung der Wärmebeharrung mehr Zeit als ein gleichstarker Schnelläufer.

Ebenso kann aus Gleichung (51) gefolgert werden, daß auch das Arbeitsverfahren, Gleichdruck oder Verpuffung, auf die Größe der Betriebswärme von Einfluß ist.

Gleichdruckmaschinen mit Verbrennungsenddrucken von rund 40—45 at abs. erfordern schwerere Bauteile als Verpuffungsmotoren, deren maximale Gasdrucke rund 25—30 at abs. betragen. Bei gleicher Maschinenleistung und Drehzahl[1]) ist deshalb die Betriebswärme eines

[1]) Das Hubvolumen eines Gleichdruckmotors ist des höheren p_i halber rund 10vH. kleiner als das einer gleichstarken Verpuffungsmaschine. Das Zylindergewicht ist wegen der stärkeren Wandung trotzdem größer.

Hochdrucköl motors größer als die der Verpuffungsmaschine. Hinzu kommt, daß bei Gleichdruck das Temperaturgefälle zwischen Zylinderladung und Innenwand wegen der hohen Kompressionsenddrucke, ferner zwischen Innen- und Außenwand wegen der stärkeren Wandung an und für sich schon einen größeren Wärmeinhalt des Maschinenkörpers bedingt. Unter normalen Bauverhältnissen übertrifft hierbei auch die spezifische Betriebswärme, d. i. die auf 1 kg Zylindergewicht entfallende Körperwärme der Ölmaschine, die des Verpuffungsmotors.

Der Sitz der Betriebswärme ist hauptsächlich die unmittelbare Umgebung des Verbrennungsherdes, also Zylinderbüchse, Zylinderdeckel mit Ventilen und der Arbeitskolben. In zweiter Linie folgen äußerer Kühlwassermantel, äußere Steuerung und Rahmen (Gestell). Bei guter Kühlung des Zylinderkörpers beteiligt sich das Gestell fast gar nicht an der Wärmeaufnahme. Infolge ungenügender Wärmeabfuhr durch das Kühlwasser, sei es wegen Kesselsteinbildung oder zu geringen Wasserdurchlaufes, kann jedoch auch der Rahmen nicht unerheblich erwärmt werden.

II. Der Einfluß der Betriebswärme auf die inneren Vorgänge im Arbeitszylinder.

Gleichzeitig mit der Entwicklung der Betriebswärme erfährt der Maschinenkörper eine Temperaturerhöhung und Volumvergrößerung. Dem Sitze der Betriebswärme entsprechend werden hauptsächlich davon die Wandungen des Zylinders, Kolbens und Deckels betroffen.

a) Die Temperaturerhöhung und ihre Folgen.

Vom betriebswirtschaftlichen Standpunkte aus betrachtet ist die Temperaturerhöhung in der Zeit vom Anfahren bis zum Eintritt der Wärmebeharrung im allgemeinen mit Vorteilen verbunden. Das Anwachsen der Zylindertemperatur erhöht entsprechend die Temperatur der Ladung und verbessert dadurch die Aufspaltung des Brennstoffes und somit die Gemischbildung. Zündung und Verbrennung erfolgen vollkommener und mit geringeren Verlusten. Das Anspringen der Maschine, falls wie bei Fahrzeugmotoren öfters zeitweilige Betriebsunterbrechung notwendig ist, geschieht sicherer und rascher. Die Viskosität des Schmiermittels und seine reibungsmildernde Wirkung nimmt zunächst zu. Der stündliche Wärmeaufwand für die effektive Leistung wird kleiner: kurz, die Wirtschaftlichkeit des motorischen Betriebes wird nach Einsetzen der Betriebswärme wesentlich durch die Temperaturzunahme gefördert.

Es muß jedoch erwähnt werden, daß der Temperaturanstieg auch Nachteile mit sich bringen kann, insbesondere, wenn er durch ungenügende Kühlung der Zylinderwandung oder übergroße Wärmezufuhr (zu hohe Belastung) über das zulässige Maß hinausgeht. Denn zu hohe Temperatur im Zylinderinneren verringert das angesaugte Gemischgewicht und verursacht dadurch Leistungsverminderung.

Dies ist damit zu begründen, daß jede Erhöhung der Wandungstemperatur gleichzeitig eine Steigerung der Temperatur der abziehenden Verbrennungsgase bewirkt. Wegen des im Zylinder verbleibenden Abgasrestes wird damit das Gewicht der angesaugten Ladung oder der Verbrennungsluft verringert. Prozentual zur Ladungsverminderung fällt aber die indizierte Leistung und damit auch die effektive. Beobachtungen dieser Art können des öfteren an Fahrzeugmotoren beim Nehmen längerer Steigungen gemacht werden, wenn die Wärmeabfuhr aus der Zylinderwandung infolge ungenügenden Fahrwindes zu gering geworden ist.

Ebenso sinkt der thermische Wirkungsgrad nach Überschreitung der für normale Beharrungsverhältnisse erforderlichen Wandungswärme. Letztere bewirkt bereits während des Ansaugehubes eine Erhöhung der Temperatur des Zylinderinhaltes. Damit steigt auch die Anfangstemperatur des Kreisprozesses. Wegen der erwähnten Abnahme der Ladung wächst jedoch bei betriebswarmer Maschine die Höchsttemperatur des Arbeitsprozesses um einen geringeren Betrag als die Wandungs- oder Anfangstemperatur.

Ferner lehrt die Erfahrung, daß durch eine zu große Steigerung der Zylindertemperatur die Schlüpfrigkeitswirkung des Schmieröles wieder verringert wird, sein Verbrauch aber sich durch teilweises Verdampfen und Mitverbrennen vergrößert.

Der thermische und wirtschaftliche Wirkungsgrad hat folglich von der Zunahme der Betriebswärme, falls diese eine gewisse Mindesttemperatur für Durchführung eines vollkommenen Verbrennungsvorganges bereits erzeugt hat, keinerlei Vorteile zu erwarten[1]). Zahlenmäßige Angaben über die für einen wirtschaftlichen Betrieb günstigsten Zylinderwandungstemperaturen oder Betriebswärmemengen zu geben, ist zur Zeit mangels genügender Veröffentlichungen von Versuchsergebnissen unmöglich. Immerhin steht erfahrungsgemäß fest, daß für wassergekühlte Verbrennungsmaschinen bei mittleren und vollen Belastungen der Höchstwert der Brennstoffausnützung bei Kühlwasseraustrittstemperaturen zwischen 45 und 75° C liegt. Dieser Temperaturbereich wird deshalb von den Motorenfirmen in ihren Betriebsanleitungen meistens vorgeschrieben.

---

[1]) Anderer Meinung ist A. Witz in seinen Etudes sur les moteurs à gaz, denen aber Slaby, E. Meyer und Zeuner im Sinne obiger Ausführungen entgegengetreten sind.

b) Die Volumvergrößerung und ihre Folgen.

Die Volumvergrößerung durch die Betriebswärme ist stets unbeabsichtigt und fast durchwegs mit Nachteilen verbunden.

Besonders schädlich wirkt sie dort, wo verschieden große Wärmedehnungen als Folgen eines dauernden Wärmeflusses und dadurch bedingten Temperaturgefälles auftreten.

Ganz abgesehen von hohen Materialspannungen, die auf diese Weise durch ungleiche Ausdehnung der heißen und kälteren Wandteile hervorgerufen werden und Formänderungen, Risse und Brüche verursachen können, sei hier nur auf die Erscheinungen näher eingegangen, die am Triebwerk und an der Steuerung zu beobachten sind.

Die Wirkungen auf das Triebwerk.

Ein Beitrag zur Frage der zusätzlichen Reibung[1]).

Beim Triebwerk ist es vor allem Arbeitskolben und Zylinderbüchse, die unter dem Einfluß der Betriebswärme verhältnismäßig starken Dehnungen unterworfen sind. Hierbei tritt jeweils nach dem Grade der relativen Wärmeabfuhr aus Kolben oder Büchse mit Zunahme der Betriebswärme eine Laufspielvergrößerung oder -verkleinerung ein. Das eine wie das andere kann zu ungewollten Folgen führen, die sich in Klemmen und Festfressen des Kolbens einerseits, Durchblasen, Ladungs- und Kompressionsverlust andererseits äußern und eine Abnahme der Leistung verursachen.

Im engsten Zusammenhang hiermit steht die in der Literatur noch nicht vollkommen geklärte Frage der „zusätzlichen Reibung", die ebenfalls als eine Abhängigkeit der durch die Betriebswärme verursachten gegenseitigen Volumveränderung des Kolbens und der Zylinderbüchse angesprochen werden muß.

Ausführliche Angaben über die zusätzliche Reibung sind in der Dissertation Friedrich Münzingers: Untersuchungen an einem 15 pferdigen Dieselmotor der M. A. N., Berlin 1914, enthalten. Münzinger hat, größtenteils aus Literaturmitteilungen, eine „Zusammenstellung von Versuchen über die Reibungsverluste von Dieselmotoren" in einer Zahlentafel vorgenommen und überdies die Reibungsarbeit der einzelnen Maschinen prozentual zur Reibung ihres Leerlaufes in Abhängigkeit von der Belastung ausgewertet. Das Ergebnis ist, daß manche Motoren mit zunehmender Belastung (wachsender Betriebswärme) eine Abnahme, andere hingegen eine Zunahme der Reibungsverluste zeigen.

---

[1]) Unter „zusätzlicher Reibung" versteht man die Gesamtveränderung der Reibungsarbeiten von Triebwerk und Kolben bei Zunahme der Belastung, bezogen auf die Leerlaufreibung. Die zusätzliche Reibung kann bei Verbrennungsmaschinen mit Steigerung der Belastung zu- oder abnehmen.

Münzinger folgert aus seiner Zusammenstellung eine gewisse Gesetzmäßigkeit, derart, daß er sämtlichen Motoren kleinerer Einheit mit zunehmender Belastung abnehmende, größeren Maschinen zunehmende zusätzliche Reibung zuspricht. Er sieht für die abnehmende Reibung der kleineren Motoren eine Erklärung in der relativ größeren radialen Wärmedehnung der Zylinderbüchse gegenüber dem Kolben, für die zunehmende Reibung der größeren Maschinen in dem überwiegenden Anwachsen der Lagerreibung gegenüber der Kolbenreibung. Die Begründung hierfür fehlt.

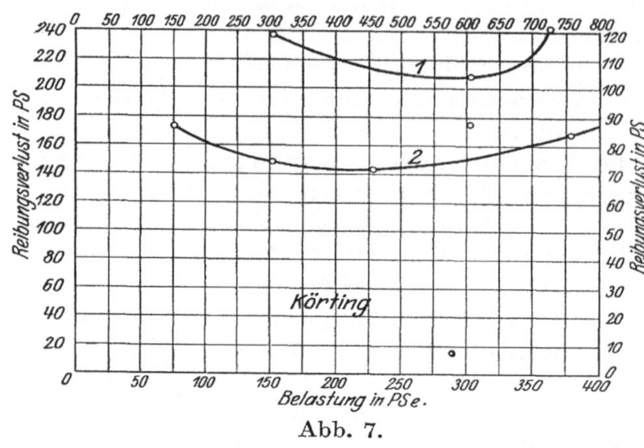

Abb. 7.

Zunächst sei festgestellt, daß die Ansicht Münzingers: größere Motoren haben mit zunehmender Belastung stets zunehmende zusätzliche Reibung, nicht allgemein gültig ist. Ich habe aus Literaturangaben Zahlentafel 1 und Abb. 7—10 angefertigt, aus denen hervorgeht, daß von einer Gesetzmäßigkeit der zusätzlichen Reibung in Abhängigkeit von der Maschinengröße (besser Zylinderleistung) nicht gesprochen werden kann.

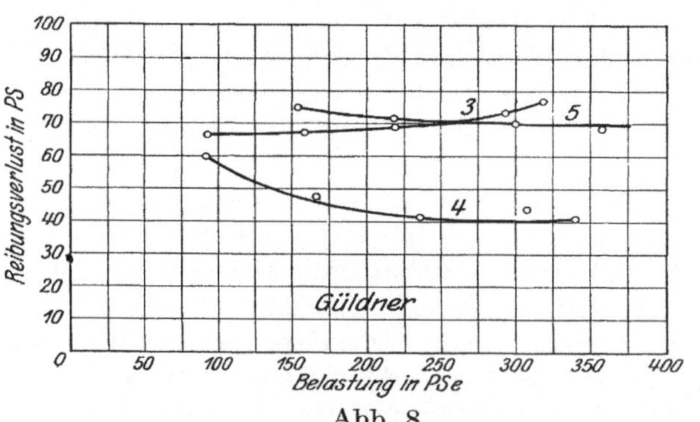

Abb. 8.

Ferner steht fest, daß bei Maschinen jeder Leistung, gleichgültig, ob Öl- oder Gasmotor, mit Zunahme der Belastung sowohl die Lagerdrucke, als auch wegen der endlichen Länge der Schubstange die Normaldrucke zwischen Kolben- und Zylinderwand größer werden müssen und sinngemäß ihre Reibungsarbeiten[1]). Wenn trotzdem bei vielen Motoren mit Steigerung der Drucke eine Abnahme der Reibungsverluste zu beobachten ist, so kann die Ursache hierfür

[1]) Bei Gleichdruckmaschinen wächst obendrein die Luftpumpenarbeit mit der Belastungszunahme.

nur in einer auffälligen Abnahme der Reibung zwischen Kolben und Büchse zu suchen sein, eine Erscheinung, die aber nach Zahlentafel 1 in keiner Gesetzmäßigkeit zur Größe der Maschine zu stehen braucht, sondern erst der Aufklärung bedarf.

Maßgebend für die Kolbenreibung sind eine Reihe von Faktoren, deren jeweiliges Zusammentreffen sowohl bei Motoren großer als auch kleiner Zylinderleistung negativen oder positiven Reibungszuwachs bei Belastungszunahme verursachen kann.

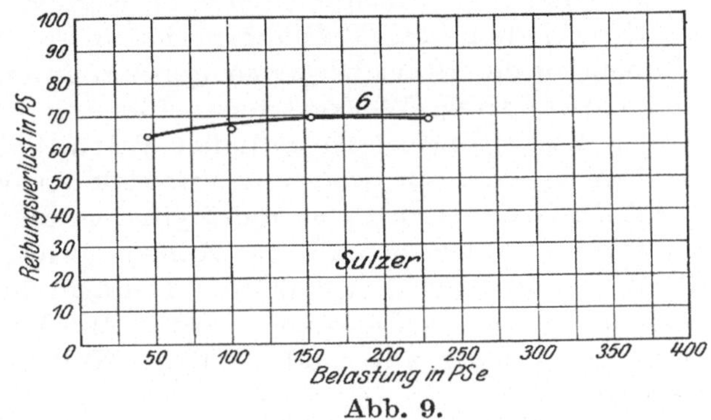

Abb. 9.

Die wärmetechnischen Verhältnisse im Zylinderinneren sind während des Betriebes folgende:

Der Kolbenboden steht für die Dauer des gesamten Arbeitshubes mit den Verbrennungsgasen in Berührung, während die eigentliche Lauffläche der Zylinderbüchse im Augenblick der höchsten Wärmeintensität, die stets in Nähe des inneren Totpunktes bei der sichtbaren Verbrennung auftritt, durch den Kolbenkörper abgedeckt ist. Vom Hubwechsel an teilt sich hingegen die Verbrennungsgaswärme dem Boden und der Lauffläche mit. Daraus ist ersichtlich, daß der Boden des Arbeitskolbens eine verhältnismäßig größere Wärmemenge pro Flächen- und Zeiteinheit aufnehmen muß als die Zylinderwandung, folglich höheren Temperaturen[1]) und Wärmedehnungen unterworfen ist.

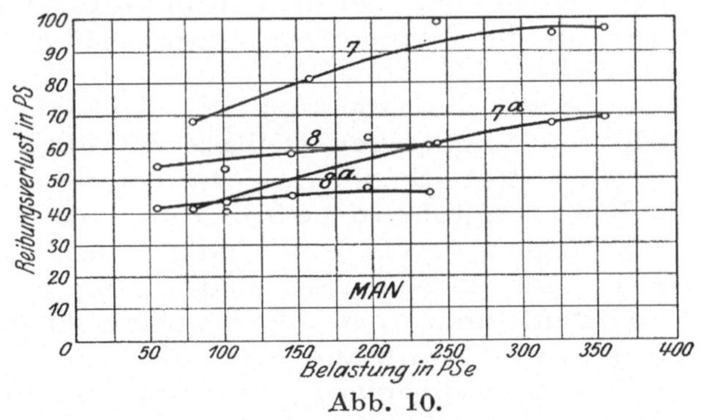

Abb. 10.

Während die Temperaturen im Kolbenkörper vom Boden an stetig abnehmen, ist im Gegensatz hierzu in der Zylinderbüchse eine gleichmäßigere Verteilung der Temperaturen zu beobachten. Dies erklärt sich dadurch, daß der Kolben die aufgenommene Wärme an die äußeren Teile des Laufmantels weiterleitet, insbesondere aber durch seine Hubbewegung eine Wärmeverteilung von den heißeren Wandungs-

[1]) Über Temperaturen in Kolbenkörpern siehe Z. d. V. d. I. 1921, Nr. 35.

stellen nach den weiter vom eigentlichen Verbrennungsraum entfernten herbeiführt.

Wegen der Temperaturzunahme gegen den Boden hin wird der Kolben an seinem Kopfende konisch verjüngt. Die Führung in der Zylinderlaufbüchse erfolgt dann nur noch durch den restlichen, zylinderförmigen Teil, der, damit auch zu Beginn des Betriebes (kleinste Ausdehnung) kein ungenügendes Abdichten oder Kolbenkippen eintritt, verhältnismäßig stramm eingepaßt werden muß.

Hinsichtlich der Reibungsverhältnisse ist nun das Verhalten des Kolbens in der Betriebswärme (gute Schmierung, normale Kolbenringe und einwandfreie Werkstättenausführung vorausgesetzt) lediglich eine Frage der gegenseitigen radialen Wärmedehnung zwischen führender Kolben- und Zylinderwandung, mit anderen Worten der relativen Wärmeabfuhr aus Kolbenkörper und Zylinderwandung.

Wasser- oder ölgekühlte Kolben ermöglichen dauernde Wärmeabfuhr ohne Schwierigkeiten. Genügendes Laufspiel kann durch Steigerung der sekundlich wirkenden Kühlmengen für die höchsten Belastungsgrade und größten Kolbendurchmesser gewährleistet werden.

Betriebs- und wärmetechnisch ungünstiger ist die Bauart der nur luftgekühlten Kolben, die meistens an Maschinen unter 125—150 PS Zylinderleistung anzutreffen sind. Hier muß durch geeignete konstruktive Ausführung des Kolbenkörpers dafür gesorgt werden, daß der Wärmeabfluß ohne erhebliche Stauungen vom Boden in die Zylinderwand oder Luft möglich wird. Dazu ist erforderlich:

1. Größte Beschränkung der Kolbenmasse, insbesondere der des Bodens und seiner unmittelbaren Nachbarteile. Eine zu große Wandstärke ist stets schädlich, da der Wärmefluß verzögert [Gleichung (5)], der Kolben mithin zu heiß und zu stark gedehnt wird.

2. Möglichst große Entfernung der Kolbenbolzennaben vom Kolbenboden. Die Bolzennaben stellen eine beträchtliche, unvermeidliche Materialanhäufung dar. Je näher sie dem Kolbenboden sind, um so kleiner wird die wirksame Mantelfläche, die zwischen Boden und Nabe für den Wärmeübergang (Strahlung und Berührung) in den Zylinder vorhanden ist. Während bei großer Entfernung die Wärme bereits vor der Nabe zum größten Teil in die Laufbüchse abfließt, staut sie sich bei kleinem Abstand in der Nabenmasse und erhöht dadurch Temperatur und Dehnung des führenden Kolbenkörperteiles. Es muß aber danach getrachtet werden, möglichst viel Wärme bereits *vor* dem Führungsstück aus dem Kolben heraus in die Zylinderbüchse überzuleiten; denn im Zylinder wirkt die Wärme durch Vergrößerung der Bohrung stets reibungsvermindernd, beim Kolben hingegen stets laufhemmend. Daraus

läßt sich folgern, daß das Verhältnis $\frac{\text{Kolbenlänge}}{\text{Kolbendurchmesser}}$ tunlichst groß zu halten ist.

3. Genügende Verjüngung des Kolbenendes nach Tiefe und Länge. Es läßt sich auf keinen Fall vermeiden, daß der Boden und obere Teil der Kolbenwand spezifisch stärker gedehnt wird als die Zylinderbüchse. Es kann aber verhindert werden, daß die größere Dehnung noch den Führungsteil berührt, wenn der Kolbenkonus lang genug gemacht wird. Denn je größer der Abstand der Führung vom Boden ist, um so niederer ist ihre Temperatur.

4. Möglichst große Kolbengeschwindigkeit zur Erzielung wirksamer Luftkühlung und Erhöhung des Wärmeüberganges an die Laufbüchse.

5. Ein kleiner Wert $\frac{\text{Durchmesser}}{\text{Hub}}$. Je größer der Hub, um so größer wird bei gleichbleibendem Hubvolumen das Verhältnis:

$$\frac{\text{durch Kolben freigelegte Oberfläche d. Zylinderbüchse}}{\text{Kolbenbodenfläche.}}$$

Die Zylinderbüchse wird hierdurch gezwungen, sich von vornherein stärker an der Wärmeabfuhr zu beteiligen, was zur Entlastung des Kolbens führt.

6. Gute Wärmeleitfähigkeit des Kolbenmateriales.

Es muß betont werden, daß es in der Praxis nur selten möglich ist, allen aufgestellten Forderungen gerecht zu werden. Immerhin findet man besonders bei Motoren mit geringen Zylinderleistungen fast alle Bedingungen einer guten Kolbenkühlung erfüllt.

Solche Maschinen arbeiten stets mit hohen minutlichen Drehzahlen (200—3000), genießen damit von vornherein den Vorzug guter Kolbenluftkühlung, besitzen zur Verringerung der Massenkräfte tunlichst schwache Kolbenkörper (des öfteren bei Fahr- und Flugzeugmotoren aus Aluminium, dessen Wärmeleitfähigkeit groß ist), haben durchwegs ein kleines $\frac{D}{S}$ und meist auch einen verhältnismäßig großen Kolbenbolzenabstand vom Boden. Für den Wärmeaustritt aus dem Kolben sind folglich die günstigsten Bedingungen vorhanden, die denen der Zylinderbüchse gleichwertig sein dürften. Bedenkt man ferner, daß die Wandstärke des Laufmantels stets größer ist als die des Kolbens, bei jenem also die Temperaturwirkungen eines trägeren Wärmeflusses einsetzen, daß ferner dem führenden Teil der Zylinderbüchse Wärme von den Wandungen des eigentlichen Verbrennungsraumes und des Kolbens zufließt, so kann es nicht erstaunlich sein, wenn nach alldem die radiale Dehnung des Laufmantels mit Zunahme der Belastung größer wird als die der führenden Kolbenwand, die zusätzliche Reibung folglich abnimmt.

Bei Maschinen mit großen Zylinderleistungen liegen die Betriebsverhältnisse für den Kolben von vornherein ungünstiger.

Zunächst macht die allgemeine Beherrschung des Wärmeabflusses aus dem Zylinder mit Steigerung der Leistung immer mehr Schwierigkeiten, da die wärmeabführende Oberfläche der Wandung nur mit der zweiten Potenz, der Inhalt des Zylinders jedoch mit der dritten wächst. Das führt dazu, daß von einer gewissen Pferdezahl[1]) an nur noch öl- oder wassergekühlte Kolben Verwendung finden können, weil die Kühlwirkung des einfachen Kolbens nicht mehr genügt und seine Wärmebeanspruchung zu groß wird.

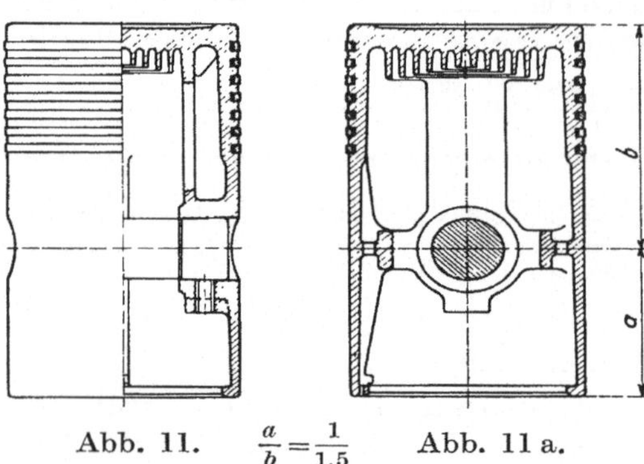

Abb. 11. $\frac{a}{b} = \frac{1}{1,5}$ Abb. 11 a.

Ferner lassen sich bei leistungsstarken Motoren die Forderungen 1—6 aus Festigkeits- und dynamischen Gründen meist nur in engen Grenzen erfüllen. Insbesondere sind hohe Drehzahlen und Aluminiumkolbenkörper bei größeren ortsfesten Maschinen nicht gebräuchlich. Um so einflußreicher auf die Kühl- und Reibungsverhältnisse muß deshalb die bauliche Gestaltung des Kolbens sein, wie sie nach den Entwicklungen 1 bis 3 vorgenommen werden soll.

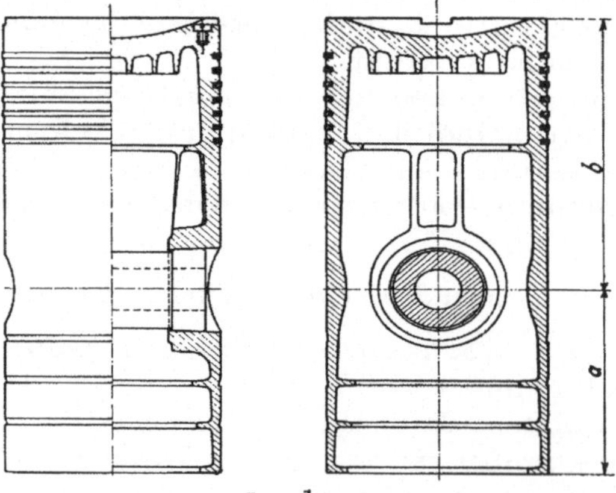

Abb. 12. $\frac{a}{b} = \frac{1}{1,4}$ Abb. 12 a.

Es ist ein erfreulicher Zufall, daß sich fast für alle der in Zahlentafel 1 und Abb. 7—10 zusammengestellten Versuchsergebnisse in der Literatur Konstruktionszeichuungen der Kolbenausführungen der in Betracht kommenden Firmen vorfinden. In Abb. 11—14 sind jene wiedergegeben; sie zeigen die Kolbenbauart der Gebr. Körting, der Güldner-Motoren-Gesellschaft, der Gebr. Sulzer und der Maschinenfabrik Augsburg-Nürnberg.

Prüft man die einzelnen Ausführungen gemäß den aufgestellten Forderungen 1 und 2 auf ihre voraussichtliche wärmetechnische Eignung zur Kühlung, so ergibt sich eine Überlegenheit der Bauart Körting und Güldner gegenüber der von Sulzer und M. A. N. In der Tat zeigen auch

[1]) Bei Zweitaktmaschinen früher als bei Viertaktmotoren, deren Kühlfläche ungefähr doppelt so groß ist.

die Maschinen der erstgenannten Firmen mit zunehmender Belastung abnehmende, die der letzgenannten zunehmende Reibungsverluste! (S. Abb. 7—10.) Daß an den Körtingmotoren bei Überlast wieder ein Reibungszuwachs zu beobachten ist, kann seine Ursache in einer etwas zu geringen Konizität des Kolbens haben, die solchen anormalen Wärmezuständen nicht mehr genügte, oder aber in dem im Vergleich zum Kolben der G. M. G. etwas ungünstigerem Verhältnis von $\frac{\text{Kolbenlänge}}{\text{Kolbendurchmesser}}$.

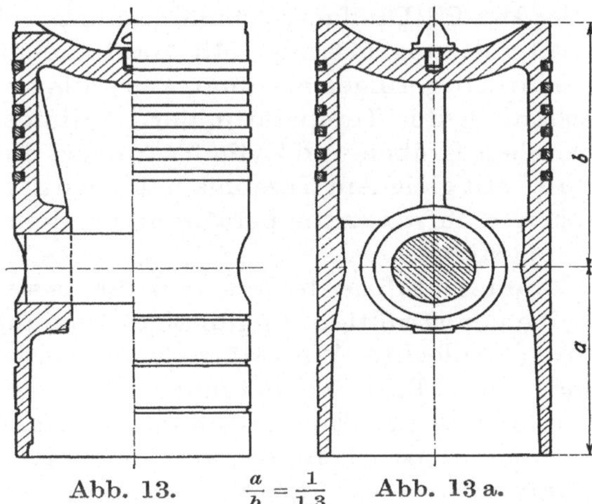

Abb. 13. $\frac{a}{b} = \frac{1}{1,3}$ Abb. 13 a.

Einen weiteren Beweis dafür, daß die zusätzliche Reibung nicht in genereller Abhängigkeit zur Zylinderleistung steht, sondern lediglich durch die Güte des Kolbenlaufes bedingt wird, gibt ein Vergleich der Versuchswerte der Maschine Nr. 3 mit denen des Motors Nr. 4. In beiden Fällen handelt es sich um dieselbe Type gleichen Ursprunges mit vollkommen übereinstimmender Leistung (Drehzahl, Hub und Bohrung), jedoch zeigt der eine Motor zunehmende, der andere abnehmende Reibungsverluste bei Steigerung der Belastung.

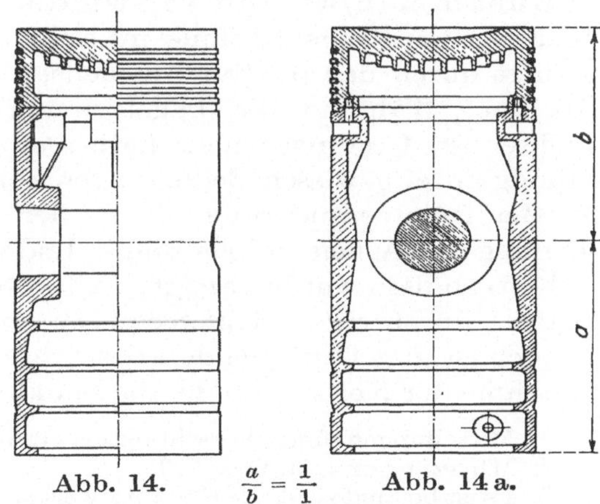

Abb. 14. $\frac{a}{b} = \frac{1}{1}$ Abb. 14 a.

Die Erklärung hierfür liegt in den verschiedenartigen Kolben, die bei den genannten Maschinen verwandt wurden. Es hatte sich im Dauerbetrieb ergeben, daß die Kolbenböden des Motors Nr. 4 bei starken Belastungsstößen Neigung zum Bruch zeigten. Durch stärkere Kolben (Motor Nr. 3) war das Übel beseitigt; dafür war aber von jetzt ab als Folge der verzögerten Wärmeabfuhr mit Erhöhung des Belastungsgrades eine Zunahme der Reibung zu beobachten. Neuerdings ist durch Einführung ölgekühlter Kolben der anfängliche günstige Reibungszustand wiederhergestellt (Motor Nr. 5).

Welchen Einfluß die gegenseitige Dehnung von Zylinderbüchse und Kolben auf die Größe der Reibungsarbeit haben kann, hat Dr. Hanßel[1]) an einer 150-PS-Dreifachverbunddampfmaschine gezeigt, die er mit und ohne Mantelheizung betrieb. Mit Mantelheizung waren die Reibungsverluste wesentlich geringer als ohne, was erklärlich ist, da die Mantelheizung eine Erhöhung der Temperatur der Laufbüchse bewirkt, wodurch das Spiel zwischen Kolben und Zylinder größer, die Kolbenreibung kleiner werden muß. Mit gleichem Ergebnis hat Münzinger[2]) Versuche bei verschieden hohen Kühlwassertemperaturen an dem erwähnten 15-PS-Dieselmotor durchgeführt.

Zum Schluß sei betont, daß die beste wärmetechnisch durchdachte Kolbenkonstruktion ungünstige Reibungsverhältnisse aufweist, wenn durch schlechte Werkstättenausführung, ungenügendes Montagespiel und unsachliche Schmieranordnung der Kolbenlauf von vornherein gehemmt wird. Ebenso können Ablagerungen auf dem Kolbenboden, Verbrennungsrückstände auf der Lauffläche, Kesselsteinbildung im Kühlwassermantel die Wärmeabfuhr aus dem Kolbenkörper verzögern.

Bezüglich der in der Literatur veröffentlichten Versuchsergebnisse darf aber wohl mit Recht angenommen werden, daß solche Verhältnisse nicht bei allen mit zunehmender Reibung laufenden Maschinen vorhanden waren.

Zusammenfassend sei wiederholt: Die zusätzliche Reibung einer Verbrennungsmaschine in Abhängigkeit von der Belastung wird bedingt durch das relative Anwachsen der Kolben- und Lagerreibungsarbeiten. Während die Lagerreibung mit steigender Belastung der wachsenden Gestängedrucke halber stets zunimmt, kann die Kolbenreibung unter gewissen Bedingungen abnehmen. Letzteres ist eine Frage der Laufspielveränderung, d. h. der gegenseitigen radialen Wärmedehnung von Arbeitskolben und Zylinderbüchse. An Hand mehrerer Versuchsergebnisse wurde gezeigt, daß es ohne Rücksicht auf die Zylinderleistung durch eine wärmetechnisch einwandfreie Bauart des Kolbens möglich ist, das Laufspiel derart zu vergrößern, daß die dadurch erzeugte Abnahme der Kolbenreibung die Zunahme der Lagerreibung übertrifft[3]).

---

[1]) Mitteilungen über Forschungsarbeiten Heft 101.

[2]) Münzinger a. a. O. S. 13.

[3]) Es ist belanglos, ob die Reibungswerte der veröffentlichten Versuchsergebnisse zahlenmäßig absolut richtig sind. Maßgebend ist nur ihre gegenseitige Abhängigkeit bei den einzelnen Belastungsstufen, d. h. die Charakteristik der Reibungskurven.

Auf Grund der Literaturangaben war es, außer bei den M. A. N.-Maschinen, nicht möglich, die Luftpumpenarbeit von den Reibungsverlusten zu trennen. Da aber die Luftpumpenarbeit mit der Belastung wegen der notwendigen Steigerung des Einblasedruckes zunimmt, so liegen sinngemäß die Reibungsverhältnisse bei den Maschinen von Körting, Güldner und Sulzer noch etwas günstiger, als in Abb. 7—9 dargestellt ist. Für die M. A. N.-Motoren konnten die mechanischen Reibungsverluste (Kurve 7a und 8a) und die Arbeiten für die Luftpumpe plus Reibung (Kurve 7 und 8) eingetragen werden.

III. Der Einfluß der Betriebswärme auf die Steuerungsvorgänge.

Auf das Verhalten der Steuerung einer Verbrennungsmaschine übt die Betriebswärme einen nicht weniger großen Einfluß aus wie auf die im Abschnitt IIb geschilderten Vorgänge im Arbeitszylinder. Meist sind jedoch bei jenen ihre Wirkungen äußerlich weniger auffällig, weshalb sie nicht erkannt oder genügend gewürdigt werden. Es wird sich aber zeigen, daß der Einfluß der Betriebswärme auf die Steuerung für das Verhalten der Maschine von ausschlaggebender Bedeutung sein kann, vor allem Sicherheit und Wirtschaftlichkeit des Betriebes davon abhängen.

Bevor jedoch diese Verhältnisse näher untersucht werden können, muß ein kurzer Überblick über die gebräuchlichen Steuerungseinrichtungen der Verbrennungsmaschinen gegeben werden.

a) Die gebräuchlichen Steuerungsanordnungen.

Jede Steuerung einer Verbrennungsmaschine läßt sich in zwei Gruppen gliedern.

1. in die innere Steuerung, die den Ein- und Austritt der Zylinderladung unmittelbar bewirkt (Ventile, Schieber oder Hähne),

2. in die äußere Steuerung, die zum Antrieb der gesamten Ein- und Auslaßorgane dient und dadurch deren Öffnungs- und Schließbewegungen erzwingt.

Die innere Steuerung wird heute fast durchaus für Ein- und Auslaß als Ventilsteuerung in bekannter Weise ausgeführt. Vereinzelte Abweichungen hiervon, wie die Schlitz- und Schiebersteuerungen der Zweitaktmotoren mit und ohne steuerndem Arbeitskolben, sind gegenüber den Ventilsteuerungen von untergeordneter Bedeutung. Bei den vorliegenden Untersuchungen werden deshalb nur Ventilsteuerungen Berücksichtigung finden. Ein Eingehen auf bauliche Einzelheiten ihrer Ein- und Auslaßorgane dürfte sich jedoch erübrigen.

Das gemeinsame Kennzeichen der äußeren Steuerung ist bei allen Verbrennungsmaschinen die sogenannte Steuerwelle, auf der die Steuerscheiben (Nocken, Exzenter) befestigt sind und mittels Schwing- oder Wälzhebel, wenn erforderlich unter Anordnung von Steuerstangen, die Ventilbewegung auslösen.

Die Notwendigkeit einer Steuerwelle wird hauptsächlich durch bauliche Gründe bedingt. Ein Antrieb der Ventile oder Ventilschieber ohne Zwischenschaltung einer Steuerwelle, z. B. unmittelbar durch die Kurbelwelle, ist konstruktiv nur schwierig durchführbar und bei Verbrennungsmaschinen nicht gebräuchlich[1]). Bei Viertaktmotoren wäre es überdies unmöglich, da der auf 720 Kurbelgrade verteilte Arbeitsprozeß eine Untersetzung der Winkelgeschwindigkeit der Steuerscheiben gegenüber der Kurbelwelle im Verhältnis 1 : 2 erfordert.

Die örtliche Anordnung der Steuerwelle ist bei liegenden und stehenden Maschinen verschieden.

Bei liegenden, einfachwirkenden Motoren wird sie parallel oder senkrecht zur Arbeitszylinderachse angebracht (Abb. 22 u. 23). Die parallele Lage ist baulich die einfachste, da für die Bewegungsübertragung von Kurbel- auf Steuerwelle nur zwei Schraubenräder benötigt werden. Läuft hingegen die Steuerwelle senkrecht (quer) zur Zylinderachse, so ist die Anordnung einer Zwischenwelle und eines weiteren Radpaares erforderlich, um die Bewegung von der Kurbelwelle abzunehmen. Bei Gleichdruckmaschinen werden dann oft beide Wellen zur direkten Steuerung herangezogen: die Längswelle treibt Ein- und Auslaßventile (meistens auch noch den Regler und die Brennstoffpumpe), während die Querwelle das Einblaseventil betätigt. Die für den Viertakt erforderliche Drehzahlverminderung wird für diese Bauart bereits bei der Längswelle durchgeführt.

Bei liegenden, doppeltwirkenden Motoren ist die Querwelle unbekannt; dafür treibt man die Steuerwelle meist nicht direkt, sondern durch Einschalten eines kurzen Wellenstückes von der Kurbelwelle an, wobei jenes seine Bewegung durch Schraubenräder aufnimmt und vermittels Stirnräder an die eigentliche Steuerwelle weitergibt (Abb. 24).

Stehende Maschinen, gleichgültig ob einfach- oder doppeltwirkend, haben durchaus nur parallel zur Kurbelwelle gelagerte Steuerwellen. Ihr Antrieb erfolgt entweder durch Stirn-, Kegel- oder Schraubenräder unmittelbar oder unter Einschaltung einer senkrechten Zwischenwelle. An ortsfesten Motoren sitzt auf ihr stets der Regulator; man nennt sie deshalb allgemein Regulatorwelle.

Die wagerechte Steuerwelle kann „oben" oder „unten" liegen, d. h. über oder unter dem Zylinder angebracht sein. In ersterem Falle geschieht die Bewegungsübertragung von der Steuerwelle auf die Ventile direkt mittels Schwinghebel (Abb. 18—21), im letzteren werden zwischen diese Stoß- oder Steuerstangen eingeschaltet (Abb. 15 und 17).

Die obenliegende Steuerwelle wird bei Fahr- und Flugzeugmotoren[2]) durchwegs in der Zylindermittelebene, bei ortsfesten seitlich davon neben dem Zylinderkopf gelagert.

Die untenliegende Steuerwelle befindet sich bei Fahrzeugmaschinen und stationären Schnelläufern stets im Kurbelgehäuse (Abb. 15), bei ortsfesten Langsamläufern ist sie in der Regel in Höhe des unteren Zylindermantelbundes (Ständeransatzes) (Abb. 17) angeordnet. Es gibt

[1]) Im Dampfmaschinenbau hingegen oft anzutreffen.

[2]) Bisher nur an Maschinen mit 4 oder mehr Zylindern ausgeführt.

jedoch auch Ausführungen, bei denen die Steuerwelle in halber Zylinderhöhe, d. h. zwischen Zylinderdeckel und Ständer angebracht ist. Man trifft diese Lage des öfteren bei Schiffsölmaschinen.

Manche Fahrzeugmotoren besitzen zwei untenliegende, im Kurbelgehäuse eingebaute Steuerwellen; hierbei dient die eine zum Antrieb der Einlaßventile, während die zweite die Auslaßventile betätigt.

Kleinmotoren, wie sie zu gewerblichen Zwecken und in Krafträdern Verwendung finden, haben in der Regel keine eigentliche Steuerwelle, sondern nur einen im Kurbelkasten gelagerten Wellenstumpf, der den Nocken und das ihn treibende Zahnrad trägt. Oft sind die genannten Teile sogar aus einem Stück gefertigt, so daß auch der Wellenstumpf fehlt. Zweck und Wirkungsweise dieser Einrichtung ist denen der früher geschilderten Steuerungsanordnungen identisch.

b) Das Verhalten der Steuerung in der Entwicklungszeit der Betriebswärme.

Die Wirkungen der Betriebswärme auf die innere Steuerung sind ähnlicher Art, wie im Abschnitt II b bei Untersuchung der Einflüsse auf den Kolbenlauf ausgeführt wurde: Klemmen und Festbrennen der Ventile oder Schieber bei ungenügender Wärmeabfuhr oder Kühlung. Hierzu neigen besonders alle Auslaßorgane, an denen die heißen Verbrennungsgase beim Austritt aus dem Zylinder mit hohen Geschwindigkeiten vorbeiströmen. Bei Hochdruckölmaschinen ist in hohem Grade das Brennstoffeinblaseventil gegen radiale Wärmedehnungen empfindlich, da dessen steuernde Nadel wegen des Abdichtens gegen den Einblasedruck bereits im kalten Zustande stramm in die Stopfbüchse eingepaßt werden muß und infolge des dadurch bedingten erheblichen Flächendruckes bei den geringsten Führungsverengungen hängen bleibt. Es erübrigt sich jedoch, auf diese bekannten, durch ungleiche radiale Wärmedehnung hervorgerufenen Erscheinungen näher einzugehen.

Während aber bei den Ausführungen des Abschnittes II b die Wärmedehnung in der axialen Richtung als belanglos für den Betrieb vernachlässigt werden durfte, hat jene bei den Steuerungen besondere Bedeutung. Hierüber geben die Verhältnisse der äußeren Steuerung eingehend Aufschluß.

Es liegt in der Natur der Verbrennungsmaschinen, daß die äußere Steuerung, d. h. das die Betätigung der Absperrorgane von der Kurbelwelle aus vermittelnde Getriebe, stets der Betriebswärme weniger ausgesetzt ist als der eigentliche Maschinenkörper, namentlich der Arbeitszylinder mit den hieran anschließenden Bauteilen. Dieser dehnt sich deshalb stärker als die äußere Steuerung, d. h. Maschinenkörper und Steuerung verändern während eines Wechsels des Wärmezustandes der

Maschine ihre gegenseitige Lage und Größe. Da aber die innere Steuerung sowohl mit dem Arbeitszylinder als auch mit der äußeren Steuerung in Verbindung steht, so wird hierdurch verursacht, daß die innere und äußere Steuerung in ihrer gegenseitigen Abhängigkeit und Tätigkeit beeinflußt werden.

Es läßt sich voraussehen, daß diese Einflüsse, abgesehen von der Größe der Betriebswärme und der Maschine, in Zusammenhang mit der baulichen Anordnung der äußeren Steuerung, insbesonders der Lage der Steuerwelle zum Arbeitszylinder, stehen werden. Es sollen deshalb die folgenden Untersuchungen an den gebräuchlichen Steuerungsarten, wie sie in Abschnitt a besprochen wurden, durchgeführt werden.

1. Stehende Verbrennungsmaschinen mit untenliegender Steuerwelle.

In Abb. 15 ist eine derartige Maschine wiedergegeben.

Die im Kurbelkasten gelagerte Steuerwelle *a* betätigt mittels der Nockenscheibe *b*, der Stoßstange *c* und des doppelarmigen Hebels *d* das axial im Zylinderkopf eingebaute Kegelventil *e*. Zwischen der Druckschraube D_1 des Hebels und der Stirnfläche E_1 des äußeren Kegelschaftes wird beim Einstellen der Steuerung ein freies Spiel *s* (toter Gang) belassen, um den Schluß des Ventiltellers auch in der Betriebswärme und nach Abnutzung des Sitzes zu sichern.

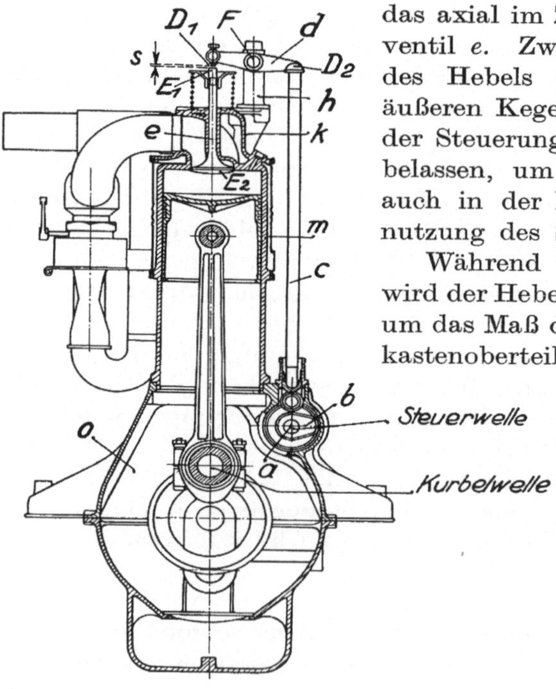

Abb. 15.

Während der Erwärmung der Maschine wird der Hebeldrehpunkt *F* des Ventilhebels *d* um das Maß der Längendehnung des Kurbelkastenoberteiles *o*, des Zylindermantels *m*, des Zylinderkopfes *k* und des Hebelblockes *h* gehoben.

Im Gegensatz hierzu behält die Steuerstange *c*, die der Betriebswärme nur wenig ausgesetzt ist, nahezu ihre ursprüngliche Länge und damit der äußere Hebelangriffspunkt D_2 seine anfängliche mittlere Höhenlage. Das Hochsteigen des Drehpunktes *F* verursacht deshalb eine Aufwärtsbewegung des inneren Hebelangriffspunktes D_1, und zwar z. B. bei einem gleicharmigen Hebel *d* um das Doppelte der Längendehnung der genannten Teile, verringert um den Dehnungsunterschied des Kurbelkastenoberteiles o.

Andererseits hebt sich auch der Ventilsitz E_2 um das Maß der Dehnung des Zylindermantels m sowie des Kurbelkastenoberteiles o, und gleichzeitig damit die Angriffsfläche E_1 des Ventilkegels, die überdies um die Längendehnung des Ventilschaftes nach oben wandert.

Vernachlässigt man die im allgemeinen bedeutungslose Erwärmung des Kurbelkastenoberteiles, so ist die resultierende Veränderung des Spieles s, verursacht durch die ungleichen Wärmedehnungen zwischen Maschinenkörper und Steuerung, demnach gleich der Summe der Längendehnung Δ_m des Zylindermantels m, Δ_k des Zylinderkopfes k und Δ_h des Hebelbockes h, multiplziert mit dem Hebelverhältnis $\frac{\overline{D_1 D_2}}{\overline{F D_2}}$ und verringert um die Streckung des Ventilschaftes Δ_e, sowie Zylindermantels Δ_m. Folglich ist

$$\Delta_s = (\Delta_m + \Delta_k + \Delta_h) \cdot \frac{\overline{D_1 D_2}}{\overline{F D_2}} - (\Delta_m + \Delta_e) \tag{52}$$

worin Δ die jeweilige Wärmedehnung des durch den Index nach Abb. 15 näher bezeichneten Maschinen- oder Steuerungsteiles bedeutet.

Das Vorzeichen von Δ_s ist abhängig von der gegenseitigen Größe der beiden Glieder auf der rechten Seite der Gleichung. Wenn

$$(\Delta_m + \Delta_e) > (\Delta_m + \Delta_k + \Delta_h) \cdot \frac{\overline{D_1 D_2}}{\overline{F D_2}},$$

so wird Δ_s negativ, wenn

$$(\Delta_m + \Delta_e) < (\Delta_m + \Delta_k + \Delta_h) \cdot \frac{\overline{D_1 D_2}}{\overline{F D_2}},$$

so wird Δ_s positiv. Im ersten Falle nimmt bei den Steuerungsanordnungen nach Abb. 15 das freie Ventilspiel ab, im zweiten hingegen zu.

Die Erfahrung lehrt, daß bei Einlaßsteuerungen, deren Ventile bei jedem Saughub von Frischgasen umspült werden, die Dehnung der Spindel im allgemeinen kleiner als die des Zylindermantels, Zylinderkopfes und Bockes ist. Ferner ist bei allen Umkehrhebeln $\frac{\overline{D_1 D_2}}{\overline{F D_2}}$ stets > 1 meistens $\geqq 2$. Sinngemäß erweitert sich nach Betriebsbeginn das Ventilspiel, unterstützt durch das Übersetzungsverhältnis des Umkehrhebels.

Bei Auslaßventilen, deren Kegelschaft beim Öffnen von den heißen Verbrennungsgasen getroffen wird, dehnt sich die Spindel nach dem Anfahren zunächst stärker als der gesamte Zylinder, einschl. Bock, da sich das Ventil rascher erwärmt als der Zylinder; das Spiel nimmt folglich vorerst ab. Später, wenn die Betriebswärme den Zylinderkörper und Bock vollkommen erfaßt hat, überwiegt die Längendehnung der zuletzt genannten Teile unter dem Einfluß des Ventilhebels fast stets die der Spindel; so daß auch bei den Auslaßsteuerungen nach Abb. 15 das Ventilspiel eine Vergrößerung erleidet.

Sieht man von dem bei Auslaßventilen nur kurze Zeit vorhandenen überragenden Einfluß der Spindelstreckung ab, so ist die Steuerungsanordnung nach Abb. 15 hinsichtlich ihres Verhaltens in der Entwicklungszeit der Betriebswärme dadurch gekennzeichnet, daß die Ventilspiele sich vergrößern.

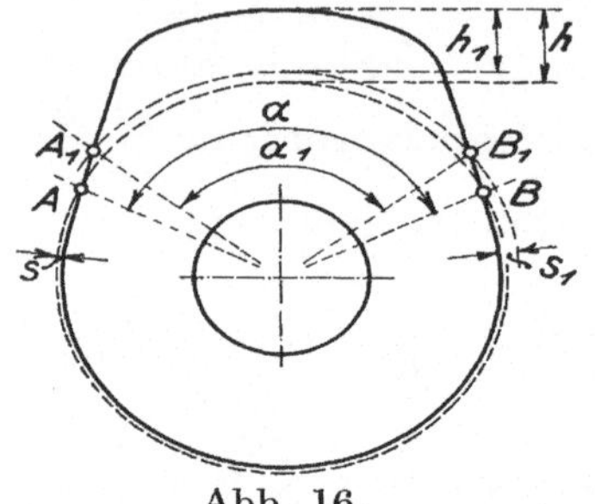

Abb. 16.

Diese Spielerweiterung verändert die bei kalter Maschine mit dem Anfahrspiel s eingestellten Steuerungseingriffe, indem das Öffnen des Ventiles verspätet, der Kegelhub und seine Öffnungsdauer verkürzt werden.

In Abb. 16 sind die Wirkungen der Spielerweiterung an einer Vergrößerung des Steuernockens b erkennbar gemacht. Das Anfahrspiel s sei hierbei zur übersichtlicheren Darstellung auf die Hebelrolle und Nockenscheibe übertragen, beispielsweise dadurch, daß man sich Hebelangriffspunkt D_1 und Ventilangriffspunkt E_1 in einem Gelenk vereinigt denkt. Der Steuerungsvorgang wird hierdurch nicht geändert. Dann entspricht dem Anfahrspiel s ein Ventilhub h, ein Eröffnungspunkt A, ein Schlußpunkt B und ein Angriffswinkel α. Vergrößert sich das Spiel s als Folge der ungleichen Wärmedehnung auf s_1, so wird der Ventilhub auf h_1 und der Eingriffswinkel auf α_1 verkleinert; die Eröffnung beginnt bei Punkt A_1 verspätet und endet bei Punkt B_1 verfrüht. Diese Erscheinungen führen zu Drosselungen des Gases und vergrößern dadurch die Lade- und Entladewiderstände.

Auf die kinematischen und dynamischen Folgen der Spielveränderungen wird Abschnitt V eingehen.

Bei Kleinmotoren lagert man des öfteren die Ventile in sogenannten Taschen seitlich neben dem Zylinder und treibt sie durch Stößel, ohne Zwischenschalten von Hebeln und Steuerstangen unmittelbar von der untenliegenden Nockenwelle an. Das Anfahrspiel befindet sich hierbei zwischen Ventilschaft und Stößel. Streckt sich der Zylinder in der Betriebswärme, so wird dadurch der Ventilsitz mit dem Ventil gehoben und das Spiel folglich erweitert, wenn nicht die Längenstreckung des Schaftes (Spindel) größer als die des Zylinders ist. Bei Auslaßventilen kann letzteres stets beobachtet werden; während umgekehrt bei Einlaßventilen, die unter günstigeren Kühlverhältnissen arbeiten, die Zylinderdehnung überwiegt.

Eine Vereinigung beider Ventilantriebe (Stoßstange und Stößel) findet man manchmal bei Fahrzeugmotoren. Der Einlaß wird durch Schwinghebel und Stoßstange, der Auslaß mittels Stößels von der Nockenwelle aus gesteuert. Die Betriebserscheinungen solcher Steuerungen decken sich mit den bereits besprochenen.

Während sich das erste Beispiel auf raschlaufende, ortsbewegliche Motoren bezog, sollen die folgenden Untersuchungen auf langsamlaufende, ortsfeste Verbrennungsmaschinen ausgedehnt werden.

Abb. 17 zeigt eine stehende Gleichdruckmaschine Bauart Güldner, ausgerüstet mit einer Brennstoffventilsteuerung älterer Ausführung[1]).

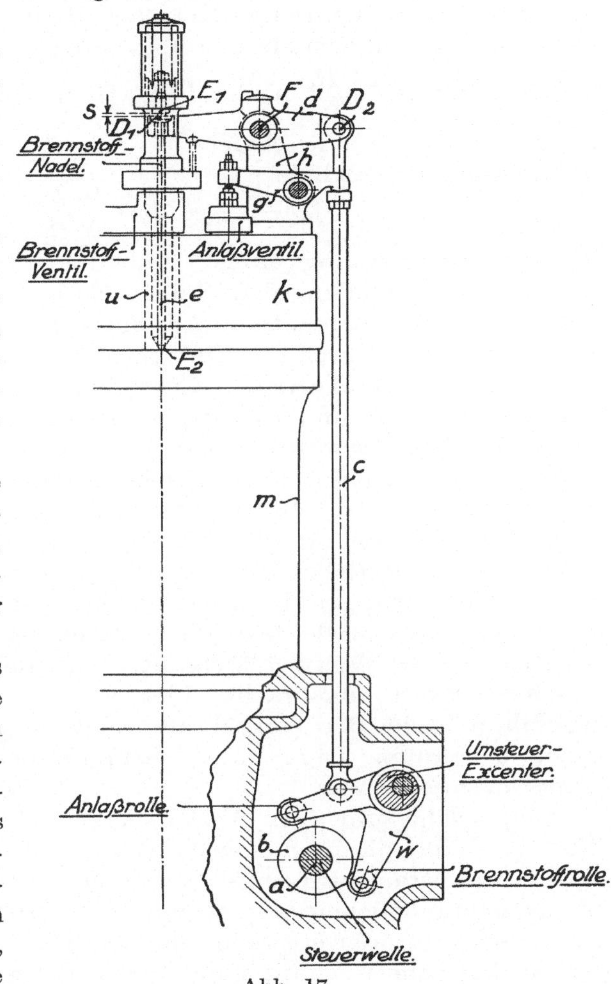

Abb. 17.

Die am unteren Ende des Zylinders im Gestell gelagerte Steuerwelle a betätigt neben den übrigen Einlaß- und Auslaßorganen das Brennstoff- (Einblase-) Ventil e mittels Steuerstange c und Nockenscheibe b. Da das Nadelventil e, im Gegensatz zum Tellerventil e der Abb. 15, nach außen öffnet, muß die Steuerstange c für den Ventilhub mit Hilfe des Winkelhebels w auf Zug beansprucht werden[2]).

[1]) Die neuen Brennstoffventilsteuerungen dieser Firma sind in Abschnitt VI behandelt.

[2]) Gebr. Sulzer Winterthur, Carels Frères Gent, Burmeister & Wain Kopenhagen, bauen seit einigen Jahren ihre großen Gleichdruckmaschinen ebenfalls mit untenliegender Nockenwelle; die folgenden steuertechnischen Eigenarten sind also auch bei den Motoren dieser Firmen vorhanden.

Hebt sich nun der Drehpunkt F infolge der axialen Wärmedehnung $\varDelta_m$ des Zylindermantels, $\varDelta_k$ des Zylinderdeckels, sowie $\varDelta_h$ des Hebelbockes und bleibt der äußere Hebelangriffspunkt D_2 wegen der unveränderten Länge der Stange c in seiner anfänglichen mittleren Höhenlage, so wandert der innere Hebelangriffspunkt D_1 um die Summe aus der gesamten Längendehnung $(\varDelta_m + \varDelta_k + \varDelta_h)$ multipliziert mit dem Hebelverhältnis $\frac{\overline{D_1 D_2}}{\overline{F D_2}}$ nach oben. Gleichzeitig wird der Nadelsitz E_2 um $\varDelta_m$ gehoben und die Nadel e um $\varDelta_e$ gestreckt. Die resultierende Spielveränderung ist folglich

$$\varDelta_s = (\varDelta_m + \varDelta_k + \varDelta_h) \cdot \frac{\overline{D_1 D_2}}{\overline{F D_2}} - (\varDelta_m + \varDelta_e) \tag{53}$$

die identisch Gleichung (52) ist. Auch hier überwiegt der linke Summand den rechten, nachdem das Hebelverhältnis $\geqq 2$ ist und überdies die Streckung der Brennstoffnadel e, die wohl am Nadelende hoch erhitzt, größtenteils aber durch die Einblaseluft gekühlt wird, die des Zylinders und Bockes nicht übertrifft. Entsprechend der gegenseitigen Lage der Angriffspunkte D_1 und E_1 nimmt deshalb das Anfahrspiel s nach Einsetzen der Betriebswärme ab.

Das Verhalten der nach innen öffnenden Ein- und Auslaßventile stimmt mit dem an Abb. 15 geschilderten überein. In gleicher Weise nimmt das Spiel des Anlaßventiles zu, das durch Drehen des Umsteuerexzenters bei Betriebsbeginn in Tätigkeit gesetzt wird (Abb. 17).

Bei den bisherigen Untersuchungen wurde die Wärmedehnung des unter der Steuerwelle liegenden Maschinenkörpers stets außer acht gelassen. Diese Vernachlässigung war auch bei den besprochenen Maschinentypen angebracht; hier lag die Nockenwelle entweder in ungefährer Höhe der Kurbelwelle oder in einem Bauteil, der infolge seiner entfernten Lage zum Verbrennungsherd der Betriebswärme wenig ausgesetzt war.

Sind solche günstigen Verhältnisse nicht vorhanden, mit anderen Worten, ändert die Nockenwelle während der Entwicklung des Wärmebeharrungszustandes ihre relative Höhenlage zur Kurbelwelle, so tritt bei den gebräuchlichen Antrieben der Steuerwellen durch Kegel-, Schrauben- oder Stirnräder entweder ein Zahnflankenspiel oder ein Verdrehen der Nockenwelle um ihre Längsachse durch Schlupf auf. An ein und derselben Maschine kann bei entsprechend gebautem Antrieb sogar beides beobachtet werden.

Durch Zahnflankenspiel oder Schlupf verändert sich aber der Voreilwinkel zwischen Steuernocken und Kurbelbahn gegenüber der Stellung bei kaltem Motor.

Beispiel hierfür sind alle Maschinen mit obenliegender (in Zylinderdeckelhöhe seitlich oder über dem Deckel gelagerter) Steuerwelle. Diese wird hier gezwungen, sich durch die besonders bei ortsfesten Motoren großer Leistung erheblichen Längendehnungen des Arbeitszylinders und Gestelles von der Kurbel- und Regulatorwelle zu entfernen.

Die dabei einsetzenden Wirkungen sollen an Hand der Abb. 18, die eine stehende Gleichdruck- (Diesel-) Maschine der Maschinenfabrik Augsburg-Nürnberg darstellt, erläutert werden.

2. Stehende Verbrennungsmaschinen mit seitlich obenliegender Steuerwelle.

Abb. 18—20 zeigen ortsfeste stehende Dieselmaschinen mit obenliegender, seitlich neben dem Zylinderdeckel gelagerter Steuerwelle, Bauart M. A. N. (Krupp, Deutz u. a.).

Die wagerechte Nockenwelle ruht in zwei Lagerarmen, die am oberen Teil des Kühlmantels befestigt sind. Die Bewegungsübertragung von der Kurbel- auf die Steuerwelle erfolgt durch die senkrechte Regulatorwelle mittels zweier Schraubenräderpaare, deren Teilkreisradien derart ausgeführt sind, daß ihre Summe gleich ist dem wagerechten Abstand zwischen der horizontalen und vertikalen Wellenmitte. Die Regulatorwelle läuft in der Grundplatte in einem Bronzespurlager oder Kugelring; am Zylinder wird sie von einem gewöhnlichen Gleitlager gehalten, das in das Schraubenradgehäuse eingebaut ist.

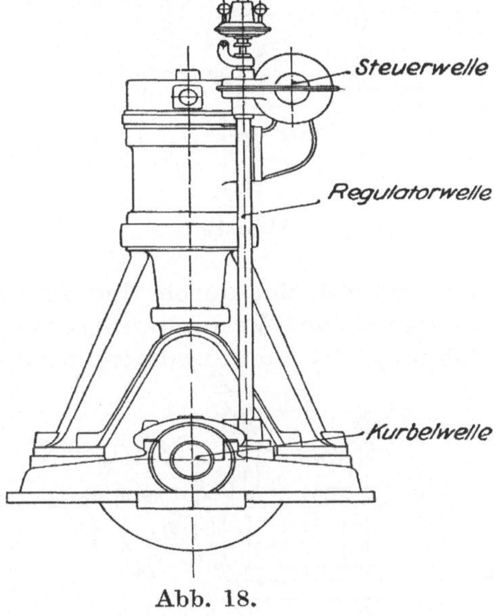

Abb. 18.

Der Antrieb der Ventile von der Steuerwelle aus geschieht durch Nocken unter Zuhilfenahme von Hebeln, die alle auf einer gemeinsamen Achse sitzen. Sie ruht in zwei Böcken (Ständern), die in den Zylinderkopf eingeschraubt sind. Anlaß-, Einlaß- und Auslaßventil öffnen in bekannter Weise nach innen, das Brennstoffventil nach außen. Für letzteres muß deshalb eine um 180° versetzte Hubbewegung vorgenommen werden, was durch Anordnen der Brennstoffhebelrolle auf der dem Zylinder zugekehrten Steuerwellenseite ermöglicht wird. Zu diesem Zwecke ist der Brennstoffhebel als Winkel ausgebildet.

Für die Untersuchung der Einflüsse der Wärmedehnung sind bei obiger Steuerung unter vorläufiger Außerachtlassung der allen Ventilsteuerungen anhaftenden Spindelstreckung drei Abschnitte zu unterscheiden, bedingt

1. durch die relative, radiale Dehnung des Zylinderdeckels gegenüber dem Zylindermantel und den Steuerwellenarmen;

2. durch die relative axiale Dehnung des Zylinderdeckels und der Hebelwellenständer gegenüber dem Zylindermantel und den Steuerwellenböcken;

3. durch die gesamte axiale Dehnung des Zylindermantels, der Lagerböcke und des Ständers (Gestelles) gegenüber der Grundplatte als Sitz des Antriebes.

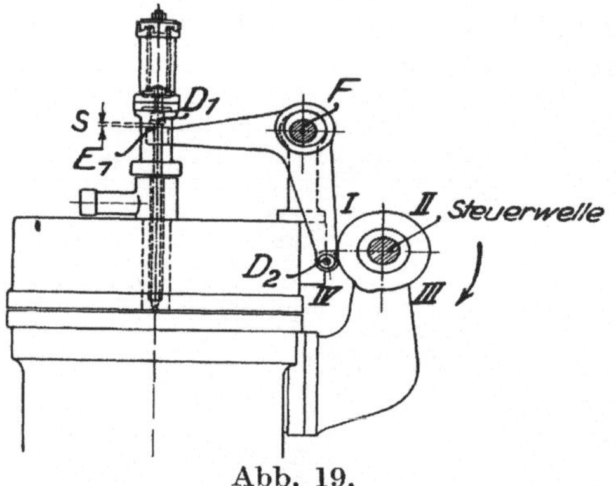

Abb. 19.

Zu 1. Die Wärmebeanspruchung des Zylinderdeckels ist aus den gleichen Gründen, wie sie in Abschnitt II b bei Untersuchung des Kolbenlaufes bereits angeführt wurden, stets höher als die der Laufbüchse und ihres Kühlmantels. Die spezifische radiale Wärmedehnung ist folglich dort im allgemeinen größer als hier. Nun sitzen aber die Lagerarme der Steuerwelle sehr nahe, teilweise sogar auf dem oberen Zylindermantelbund, der durch den Flansch der Laufbüchse den hohen Temperaturen der Verbrennungsgase ausgesetzt ist. Die radiale Wärmedehnung des Mantelbundes wird deshalb der des Deckels nicht nachstehen. Da überdies die Lagerarme einer gewissen, wenn auch geringen Temperatursteigerung und Streckung unterliegen, würde voraussichtlich unter dem alleinigen Einfluß des radialen Dehnungsunterschiedes mit zunehmender Betriebswärme eine Erweiterung des Abstandes zwischen Nocken- und Hebelwelle eintreten. Das Anfahrspiel des Brennstoffventiles würde dadurch vergrößert, das der übrigen Ventile, deren Hebel auf der entgegengesetzten Steuerwellenseite angreifen, verkleinert[1]).

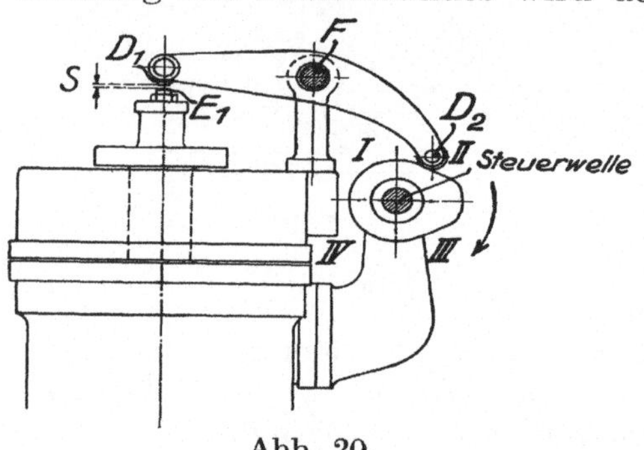

Abb. 20.

Sind Hebel- und Nockenwelle in einem gemeinsamen Arm gelagert (Abb. 21), so ist der radiale Dehnungsunterschied ohne Einfluß auf das Ventilspiel.

[1]) Es ist gebräuchlich, Ein- und Auslaßrolle im Quadranten II, die Brennstoffrolle im Quadranten IV laufen zu lassen: Abb. 19 und 20.

Zu 2. Für die axiale Wärmedehnung kommen in Betracht: der Zylinderdeckel mit den Ventilhebelständern, der Zylindermantelbund und die nach oben gerichteten Teile der Lagerarme. Ohne Zweifel überragt die Dehnung der erstgenannten Maschinenteile die der Lagerböcke, da deren Temperaturen wegen des größeren Abstandes vom Verbrennungsherd erheblich tiefer liegen. Es wird sich deshalb bei der axialen Streckung die Hebelwelle stärker heben als die Nockenwelle, wodurch das Spiel des Brennstoffhebels verkleinert, das der anderen Hebel erweitert wird.

Bei Lagerung der Hebel- und Nockenwelle nach Abb. 21 behalten beide Wellen ihren Abstand; die axiale Dehnung des Zylinderdeckels ist dann ohne Wirkung.

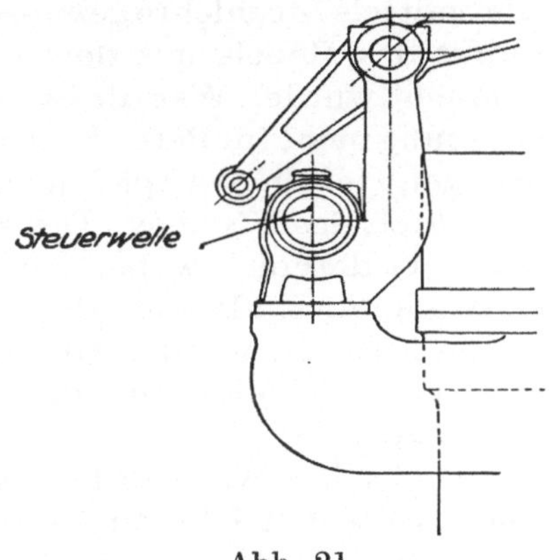

Abb. 21.

Nach den Ausführungen zu 1. und 2. ergibt sich demnach die endgültige Ventilspieländerung bei Maschinen mit seitlich obenliegender Nockenwelle (Hebelwelle auf dem Zylinderdeckel) aus der arithmetischen Differenz der geometrischen Summen der Wege, welche die Hebel- und Nockenwelle als Folge der Wärmedehnungsunterschiede in radialer und axialer Richtung gegenseitig zurücklegen, gegebenenfalls multipliziert mit dem Übersetzungsverhältnis des Ventilhebels. Berücksichtigt man noch die Streckung Δ_e der Brennstoffnadel oder Ventilspindel und bezeichnet die radialen und axialen Lagenänderungen der Hebelwelle mit $(\Delta_r, \Delta_a)_H$, die der Nockenwelle mit $(\Delta_r, \Delta_a)_N$, so kann die Spielveränderung für das Brennstoffventil (Abb. 19) angeschrieben werden als

$$s = [(\Delta_r \mathrel{+\!\!\succ} \Delta_a)_H - (\Delta_r \mathrel{+\!\!\succ} \Delta_a)_N] + \Delta_e{}^{1)}\,, \tag{54}$$

für das Einlaß- und Auslaßventil (Abb. 20) als

$$s = [(\Delta_r \mathrel{+\!\!\succ} \Delta_a)_H - (\Delta_r \mathrel{+\!\!\succ} \Delta_a)_N] \cdot \frac{\overline{D_1 D_2}}{\overline{F D_2}} - \Delta_e. \tag{55}$$

Gemäß den bisherigen Erörterungen ist zu erwarten, daß bei Motoren mit obenliegender Steuerwelle der Einfluß der ungleichen Wärmedehnung zwischen Maschinenkörper und äußerer Steuerung auf das Ventilspiel weniger fühlbar sein wird als bei Maschinen mit untenliegender Nockenwelle; es fragt sich nur, zu welchem Gesamtergebnis sich die radialen und axialen Dehnungsunterschiede vereinigen.

---

[1]) Eine Übersetzung ist beim Brennstoffhebel nicht vorhanden, da dieser allgemein als ungefähr rechtwinkeliger Hebel ausgebildet wird.

Um diese Frage experimentell zu klären, habe ich zwei Dieselmotoren, Bauart M. A. N., die in der Technischen Hochschule München laufen, daraufhin untersucht. Es handelte sich um zwei 35-PS-Maschinen ($D = 300$, $s = 460$, $n = 190$) gleicher Herkunft und Type, deren Steueranordnung nach Abb. 18—20 ausgeführt war.

Vor Betriebsbeginn (nach völligem Temperaturausgleich des Maschinenkörpers mit der Atmosphäre) wurde das Anfahrspiel jedes Ventiles mittels Stechlehre gemessen, und zwar in der Weise, daß der Angriffspunkt des Hebels mit dem des jeweiligen Ventilschaftes in Berührung gebracht wurde. War die Steuerwelle hierbei so gedreht, daß die Nockenerhebung nicht im Bereiche der Hebelrolle lag, so ergab sich bei den gleicharmigen Hebeln das Spiel in wirklicher Größe zwischen der Rolle und dem Ruhekreis des Nockens. Die Messungen wurden an jedem Ventil mehrere Male wiederholt, wobei sowohl die Steuerwelle durch Schalten des Schwungrades, als auch die Hebelrolle durch Drehen von Hand in neue Lagen gebracht wurde. Oberflächenfehler an Rolle und unterer Nockenrast konnten dadurch das Messungsergebnis nicht einseitig beeinträchtigen,

In gleicher Art wurde nach dem Abstellen der Motoren verfahren, wenn volle Betriebswärme erreicht war. Die Versuchsergebnisse sind in Zahlentafel 2 zusammengestellt.

Man sieht in ihr, daß die Brennstoffventile Erweiterung, die Auslaßventile Verengung des Spieles erlitten haben, während das der Einlaßventile gleichblieb.

Hieraus läßt sich zunächst folgern:

Die radiale und axiale Wärmedehnung des Zylinderdeckels, Mantelbundes und der Lagerarme, sowie die Längenstreckung der Hebelwellenständer dürften sich bei den untersuchten Motoren hinsichtlich des Einflusses auf das Spiel der nach innen öffnenden Ventile ungefähr ausgeglichen haben. Das zeigt das unveränderte Spiel der Einlaßventile, deren Spindeln wegen der wirksamen Kühlung durch die frische Ladung erfahrungsgemäß keinen auffälligen Dehnungen unterworfen sind.

Die Spielverengung der Auslaßventile ist auf die verhältnismäßig größere Streckung der Spindeln zurückzuführen, die im Gegensatz zu denen der Einlaßventile, wie früher schon betont, unter ungünstigeren Kühlverhältnissen arbeiten. Die trotz des Fehlens der übersetzenden Wirkung des Brennstoffwinkelhebels auffällig große Erweiterung des Brennstoffventilspieles erklärt sich aus der ungünstigen Lage der Brennstoffrolle gegenüber dem Nocken. Die Rolle läuft nämlich hart an der Grenze des IV. und I. Quadranten, wodurch die ausgleichende Wirkung der axialen Lagenänderung des Hebelbockes gegenüber der radialen der Nockenwelle kaum zur Geltung kommt. Überdies trägt die nach außen öffnende Nadel durch ihre Streckung zur Spielvergrößerung bei.

Zwecks weitererKlärung derWärmedehnungsverhältnisse wurde an denselben Maschinen eine zweite Versuchsreihe mit überhohen Kühlwasseraustrittstemperaturen durchgeführt. Die Ergebnisse enthält Zahlentafel 3.

Das Spiel der Ein- und Auslaßventile hat sich vergrößert, das der Brennstoffnadel wieder verkleinert!

Diese Erscheinung ist insofern lehrreich, als sie erkennen läßt, daß der radiale Wärmedehnungsunterschied zwischen Zylinderdeckel und Mantelbund von der axialen Längendehnung des Deckels und der Hebelwellenständer übertroffen wird. Denn nur das relative Hochsteigen der Hebelwelle gegenüber der Nockenwelle vermag die Änderung des Ventilspieles in dem festgestellten Sinne zu bewirken.

Hierbei konnte eine eventuelle Streckung der Nadeln und Spindeln nur ausgleichenden Einfluß haben.

Mit Rücksicht auf die Versuchswerte der Zahlentafel 2 bleibt nun die Frage offen, warum dort das Ventilspiel gerade in entgegengesetzter Weise sich ändert, als es die relative Lagenänderung der Hebel- und Nockenwelle erwarten läßt. Die axiale Dehnung muß ja auch dort die radiale überwiegen.

Hierüber geben die Ausführungen des Abschnittes IIa Aufschluß, in welchem entwickelt wurde, daß mit Steigerung der Kühlwassertemperatur die Höchsttemperatur des Kreisprozesses um einen geringeren Betrag anwächst als die Zylinderwandungstemperatur. Nun sind aber die Temperaturen der nicht wassergekühlten Ventilspindeln in der Hauptsache von der Temperatur der Verbrennungsgase, weniger von der des Kühlwassers abhängig. Die Dehnung der Spindeln setzt deshalb nach dem Anfahren sehr rasch ein und übertrifft auch im Beharrungszustande die der wassergekühlten Zylinderteile (Zahlentafel 2), solange nicht die Kühlwassertemperatur übermäßig ansteigt. Geschieht dieses, wie in Zahlentafel 3, so überholt die Dehnung des Zylinderdeckels und der Hebelwellenständer die Streckung der Ventilspindeln, weil nach Abschnitt IIa die Temperaturerhöhung der Verbrennungsgase prozentual hinter der des Deckels zurückbleibt.

Die Wirkung der gegenseitigen Lagenänderung zwischen Hebel- und Nockenwelle auf das Ventilspiel ist demnach in der ersten Versuchsreihe kleiner, in der zweiten größer als die Spindeldehnung.

Zu 3. Durch die gesamte axiale Dehnung von Zylindermantel, Lagerbock und Gestell wird die Steuerwelle und das auf ihr sitzende Schraubenrad in die Höhe gehoben. Die senkrechte Regulatorwelle bleibt in ihrer Länge praktisch unverändert, da sie durch ihre Lage der Betriebswärme nicht oder nur belanglos ausgesetzt ist. Es behält deshalb das obere treibende Schraubenrad seinen ursprünglichen Abstand von der Grundplatte, während sich das auf der Nockenwelle befestigte getriebene Rad von ihr entfernt.

Je nach dem Drall der Verzahnung[1]) wird durch das Hochsteigen des

[1]) Abhängig von der Lage der Regulator- und Nockenwelle, die bei gleichem Drehsinn der Kurbelwelle rechts oder links von ihr angebracht sein können.

getriebenen Schraubenrades die Steuerwelle im Uhrzeigersinn oder entgegengesetzt verdreht, wäħrend der Zahneingriff sich verengt[1]). Die Größe der Verdrehung ist, abgesehen von der Intensität der Betriebswärme, direkt proportional dem Zahnwinkel des wandernden Schrauben rades.

Entsprechend dem Drall kann die Nockenwellenverdrehung die Voreilwinkel der Steuerung vergößern oder verkleinern und dadurch die Wirkung der Spielveränderung teilweise verschärfen oder ausgleichen. Auf die Öffnungsdauer der Ventile hat die Wellenverdrehung jedoch keinen Einfluß.

Die Ausführungen 1—3 haben gezeigt, daß die Wirkungen der Betriebswärme auf die Steuerungseingriffe für die theoretische Untersuchung verwickelter sind als bei Maschinen mit untenliegender Nockenwelle. Schwierigkeiten bereitet insbesondere das Ermitteln der Folgen, die jede einzelne der unter 1—3 erläuterten Erscheinungen verursacht, da rechnerische und versuchsmäßige Auswertungen an der teilweisen Undurchführbarkeit von Messungen scheitern. Immerhin ist es möglich, wenigstens den Gesamteinfluß der Betriebswärme auf die Veränderung der Steuerungsvorgänge, sowie jeweils die Einzelwirkung der Ventilspieländerung und Steuerwellenverdrehung festzustellen.

Hierzu genügt es, die Tätigkeit eines Ventiles vor und nach dem Betrieb experimentell zu prüfen, da das Verhalten der Steuerung in der Entwicklungszeit der Wärmebeharrung hieraus bereits beurteilt werden kann.

Besonders eignet sich zur Untersuchung das Brennstoffventil, bei dem es möglich ist, mit einfachen Mitteln seine Steuerungsabschnitte und deren Veränderungen im Zusammenhang mit der Kurbel- oder Kolbenbahn zu verfolgen.

Zu diesem Zwecke setzt man das Brennstoffnadelgehäuse unter Druck der Einblaseluft und schaltet die Kurbelwelle so lange, bis die Druckluft anfängt, aus dem offenzuhaltenden Indikatorhahn abzublasen. Im gleichen Augenblick, der sich durch Zischen deutlich bemerkbar macht, setzt der Nadelhub ein, d. h. die Brennstoffhebelrolle beginnt auf dem Nockendaumen aufzulaufen. Durch Anlegen eines Mikrometerwinkelmessers mit Gradteilung an eine parallel zur Kurbelwellenlängsachse laufende Kurbelschenkelseite läßt sich nach Einspielen der Libelle der Beginn des Einblasens in Winkelgraden, abhängig vom inneren Totpunkt, ablesen. Dem gleichen Zwecke würde eine Teilung auf dem Schwungradumfang dienen. Darauf schaltet man die Maschine, bis die Hebelrolle den Brennstoffdaumen verläßt und bestimmt durch tastendes Rückwärtsdrehen des Schwungrades in gleicher Weise das Ende des Einblasens, mit anderen Worten den im Betrieb hier einsetzenden Nadelschluß.

---

[1]) Während der Entwicklungszeit der Dieselmaschinen lag hierin eine Quelle häufiger Betriebsstörungen (Festfressen, Zahnbruch u. a.).

Der Einblase- oder Zündwinkel ist damit in Abhängigkeit von der Kurbelbahn festgelegt.

Diese Messungen, die für jeden Versuch bei kalter und in Wärmebeharrung befindlicher Maschine gemacht werden müssen, wobei ein gegebenenfalls im Steuerungsgetriebe vorhandenes Abnutzungsspiel stets im gleichen Sinne zu berücksichtigen ist, gestatten eine einwandfreie Beurteilung des Gesamteinflusses der Betriebswärme auf die Steuerphasen, d. h. der Nadelspielveränderung und Steuerwellenverdrehung.

Um nun die alleinige Wirkung der Nadelspielveränderung oder Nockenwellenverdrehung ermitteln zu können, wurde von folgendem Hilfsgriff Gebrauch gemacht: es wurde von Hand, ohne Rücksicht auf irgendeinen Wärmezustand des Motors, das Nadelspiel mehrere Male in einem Bereich von 0,5 mm[1]) um 0,1 mm verändert, und hierbei jeweils der Einfluß auf den Einblasewinkel in der beschriebenen Weise gemessen. Das geschah sowohl bei kalter, als auch völlig betriebswarmer Maschine, um feststellen zu können, ob gleiche Spielveränderungen bei jedem Wärmezustand stets gleiche Winkelveränderungen hervorrufen. Die Messungen (Zahlentafel 4) ergaben keine Winkeldifferenzen: der Einblasewinkel wurde stets mit jedem Zehntelmillimeter um das gleiche Maß (bei beiden Motoren im Mittel um 0,8° bis 1°) vergrößert oder verkleinert[2]).

Die Versuchsergebnisse waren danach folgende:

1. Die gesamte Einblasewinkelveränderung, verursacht durch Nadelspielerweiterung (-verengung) und Steuerwellenverdrehung beim Übergang von kalter bis betriebswarmer Maschine betrug für Ventilhubanfang α, Ventilhubende α Grade.

2. Das Nadelspiel erweiterte sich hierbei von x auf x_1 oder verengte sich von x auf x_0 Zehntelmillimeter.

3. Jede Nadelspielveränderung um 1 Zehntelmillimeter verursachte eine Winkeländerung um $\beta°$ für Beginn, $\beta'°$ für Ende des Ventilhubes.

Somit war für die Veränderung des Eröffnens oder Schließens des Ventiles der Einfluß der Spielveränderung:

$$\beta (x_1 - x)° \qquad \beta' (x - x_0)° \tag{56}$$

der Wellenverdrehung:

$$\alpha - \beta (x_1 - x)° \qquad \alpha' - \beta' (x - x_0)° \tag{57}$$

bezogen auf den Kurbelweg.

Mit Hilfe der Formel (56) wurde Position 6 der Zahlentafel 3 berechnet. Für Zahlentafel 2 wurde darauf verzichtet, weil bei der verhältnis-

---

[1]) Eine größere Längenänderung kam nach den Werten der ersten Vorversuche nicht in Frage.

[2]) Abhängig von der Steigung der Anlauf- und Ablaufflanke des Nockens, sowie vom Durchmesser der Laufrolle.

mäßig niederen Austrittstemperatur des Kühlwassers eine Erwärmung des Zylindermantels und Gestelles kaum zu bemerken war. Hingegen besaß der Maschinenkörper bei Versuchsreihe II (Zahlentafel 3), speziell am Mantel, hohe Temperaturen, die sich bis in Mitte des Ständers erstreckten. Die Steuerwellenverdrehung mußte hierdurch besonders auffällig werden. Daß trotzdem ihre Wirkung im Vergleich zum Einfluß der Ventilspieländerung sehr gering ist, hängt mit den kleinen Zylinderleistungen der untersuchten Motoren zusammen. Bei starken Maschinen mit großen Bauhöhen wird sie größere Zahlenwerte annehmen.

An stehenden Schiffsdieselmotoren wird des öfteren die Steuerwelle seitlich neben dem Zylinderdeckel, ähnlich wie bei den ortsfesten Maschinen der M. A. N.-Type, gelagert. Der Antrieb der Ventilhebel geschieht jedoch nicht unmittelbar vom Nocken aus, sondern durch Einschalten von kurzen Stoßstangen. Die Spielveränderungen erfolgen im Sinne der untenliegenden Nockenwelle, aber in relativ kleineren Maßen. Dafür steht die endgültige Beeinflussung der Steuerabschnitte noch unter den Wirkungen der Wellenverdrehung.

3. Liegende Verbrennungsmaschinen mit vor dem Zylinderdeckel gelagerter Steuerwelle.

Gebräuchliche Ausführung von Gebr. Körting, A. G. in Hannover, Abb. 22.

Der allgemeine Aufbau des Steuerungsantriebes gleicht dem der bekannten Flug- und Automobilmotoren mit obenliegender Steuerwelle, wenn man sich den Zylinder um 90° um die Achse der Kurbelwelle gedreht denkt.

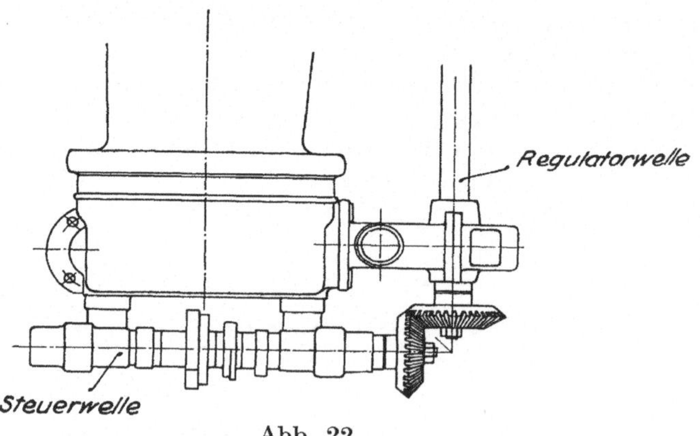

Abb. 22.

Die Bewegungsübertragung von Kurbel- auf Längswelle, die in zwei am Gestell befestigten Gleitlagern läuft, erfolgt mittels Schraubenräder, von Längs- auf Querwelle hingegen durch Kegelräder. Zur Vermeidung des Axialschubes durch die Schraubenräder ist die Längswelle durch Bunde im Schraubenradlager festgehalten.

Ventilhebel- und Nockenwelle ruhen gemeinsam in zwei Lagerböcken, die auf dem Zylinderdeckel aufgeschraubt sind.

In der Betriebswärme verändern deshalb Steuer- und Ventilhebelwelle ihre gegenseitige Lage nicht zueinander, d. h. das Ventilspiel wird nur durch Längenausdehnung der Spindeln vergrößert (Brennstoffventil) oder verkleinert (Ein- und Auslaßventil). Aus diesem Grunde ist das Maß der Spielveränderung bei vorliegender Steuerungsbauart sehr gering.

Mit wachsender Betriebswärme vergrößert sich der relative Abstand zwischen Nocken- und Kurbelwelle als Folge der axialen Wärmedehnungen von Zylinderdeckel, -mantel und Gestell. Da die in verhältnismäßig großer Entfernung vom Verbrennungsherd gelagerte Längswelle die Streckung des Maschinenkörpers nicht mitmacht, so entfernt sich hierbei das getriebene Kegelrad der Nockenwelle von dem treibenden der Längswelle. Dadurch wird das Eingriffspiel der Kegelräder vergrößert und der Steuerbeginn der Ventile verspätet. Ein Verdrehen der Nockenwelle tritt nicht ein.

Wäre aber der Bund der Längswelle am Zylinderdeckel angeordnet, so würde das Zahnflankenspiel unverändert bleiben, hingegen sich die Längs- und Nockenwelle verdrehen. Das würde dieselben Wirkungen auslösen, wie sie an den stehenden Dieselmaschinen der M. A. N.-Type beobachtet werden konnten.

Der Steuerungsaufbau nach Abb. 22 wird außer bei stehenden, schnellaufenden Verpuffungsmotoren[1]) (Daimler, Bayr. Motorenwerke u. a.) auch für stehende Schiffsgleichdruckmaschinen (M. A. N. und Lizenzfirmen) ausgeführt. Das Verhalten dieser Steuerungen stimmt mit dem an der Körtingmaschine untersuchten überein.

4. Liegende Verbrennungsmaschinen mit längs des Zylinders gelagerter Steuerwelle.

Diese Anordnung ist bei liegenden Motoren am meisten gebräuchlich, insbesondere bei Großgas- und Ölmaschinen.

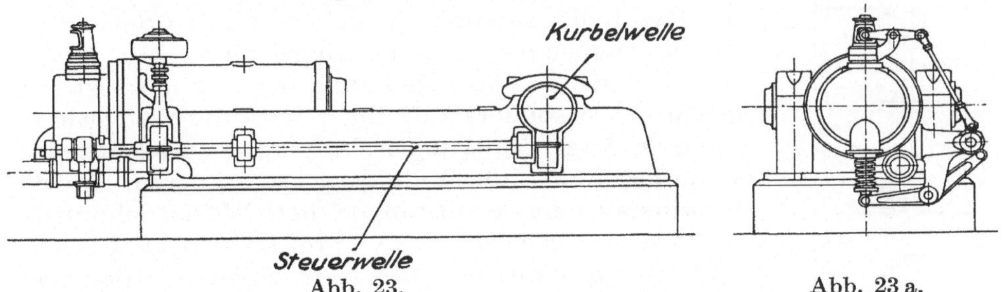

Abb. 23. Abb. 23 a.

Die Steuerwelle wird durch Schraubenräder von der Kurbelwelle entweder unmittelbar (Abb. 23) oder unter Einschaltung einer zur

[1]) An Stelle des unteren Schraubenradpaares trifft man bei ihnen auch Kegelräder.

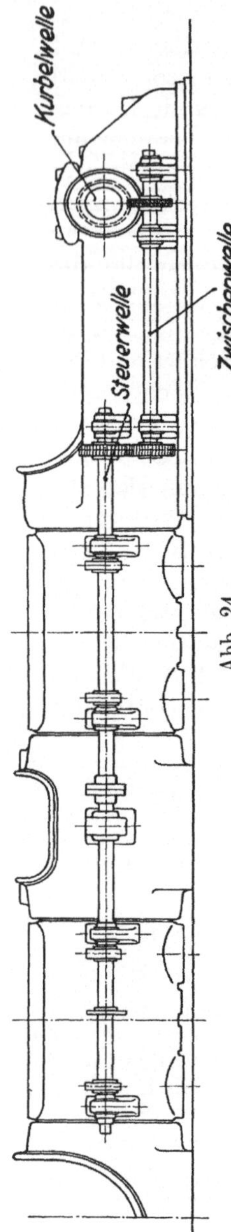

Abb. 24.

Zylinderachse parallellaufenden Zwischenwelle angetrieben (Abb. 24). Letztere Form trifft man stets bei doppeltwirkenden Motoren großer Zylinderleistung (M. A. N. u. a.); sie ermöglicht die Lagerung der eigentlichen Steuerwelle in der wagerechten Mittelebene des Arbeitszylinders. Nach Abb. 23 ist dies bekanntlich wegen des Schraubenradantriebes sonst nicht ausführbar. Hier läuft die Steuerwelle stets unterhalb der Zylinder- und Kurbelwellenachse.

Den axialen Schub des Schraubenradpaares nehmen Kugeldruckringe oder Bunde auf, die dadurch das Wandern und Verdrehen der Steuer- oder Zwischenwelle verhindern. Die Ventilhebel ruhen nicht mehr auf gemeinsamer Achse, sondern werden einzeln in entsprechenden Angüssen der Ventilgehäuse gelagert. Der Antrieb der Hebel geschieht meist durch Zwischenschalten von Stoßstangen, kann jedoch bei tiefliegender Steuerwelle, wenigstens bei einem Ventil, auch unmittelbar vom Nocken selbst aus erfolgen (Abb. 23a). Die Steuerwelle wird von Lagerböcken getragen, die am Zylindermantel und Gestell angeschraubt sind.

Die durch die Betriebswärme verursachte axiale Streckung des Maschinenkörpers ist auf die Steuerungseingriffe ohne Einfluß, da die ungleiche Wärmedehnung die Nocken- oder Exzenterscheiben nur quer zu den Ventilhebeln verschiebt, nicht aber gegen sie verdreht. Bei Exzentersteuerungen können allerdings hierdurch leicht Klemmungen zwischen Bügel und Exzenterscheibe hervorgerufen werden, die sich durch Zittern des Gestänges erkennbar machen. Man vermeidet sie durch genügendes seitliches Bügelspiel.

Die radiale Wärmedehnung des Zylinders ist hingegen von besonders auffälliger Wirkung, weil sich die relativen Lagenänderungen der Ventile und der Steuerwelle gegenüber der Zylinderachse addieren. Da die weitausragenden Stoßstangen den Wärmedehnungen nicht unterworfen sind, so vergrößert sich bei Nocken- und Exzenterantrieb das freie Spiel entsprechend stark, während es bei Einschalten eines Wälzhebels je nach Lage der Wälzbank verengt oder erweitert wird. Die Streckung der Lagerböcke und Ventilgehäuse wird diese Erscheinungen noch verschärfen, die der Kegelschäfte dagegen teilweise ausgleichen.

Die steuertechnischen Folgen der Ventilspieländerungen sind aus den früheren Untersuchungen bereits bekannt; es erübrigt sich deshalb, nochmals darauf einzugehen.

5. Liegende Verbrennungsmaschinen mit steuernder Längs- und Querwelle.

Eine Vereinigung der Steuerungsanordnung 3. und 4. zeigen die liegenden einfach wirkenden Gleichdruckmotoren der M. A. N. (Werk Nürnberg).

Ein- und Auslaßventil sitzen radial im Zylinderkopf und werden durch Exzenter und Wälzhebel von der Längswelle, das axial eingebaute Brennstoffventil durch Nocken von der Querwelle angetrieben. Durch die zentrale Lagerung des Einblaseventiles bezweckt man leichten Ein- und Ausbau des Ventiles sowie gute Zuführung und Zerstäubung des Treiböles. Die Bewegungsübertragung von Kurbel- auf Längswelle geschieht durch ein Schraubenradpaar, von Längs- auf Querwelle durch Kegelräder.

Die Wirkungen der verschieden großen Wärmedehnungen von Maschinenkörper und Steuerung sind denen unter 3. und 4. beschriebenen gleichartig.

IV. Die Folgen der Veränderung der Steuerungseingriffe.

a) Allgemeine Versuchswerte.

Die Untersuchungen des Abschnittes III haben sich mit der Entstehung der Ventilspielveränderung und Steuerwellenverdrehung beschäftigt. Es fragt sich nun, welche Wirkungen damit verbunden sind.

Aus Abschnitt I ist bekannt, daß die Betriebswärme keine konstante, sondern eine veränderliche Größe ist, die von der Zylinderleistung und von der Temperaturlage des Maschinenkörpers abhängt. Ferner wurde unter III gezeigt, daß selbst bei Annahme gleicher Wärmebedingungen die eine Steuerung mehr, die andere weniger auffälligen Veränderungen der Eingriffe unterworfen ist. Es sind darum auch ihre Folgen nicht gleichwertig, sondern je nach Bauart der Maschine, der Steuerung und den Temperaturverhältnissen mehr oder minder verschieden. Bestimmten Aufschluß gibt jeweils nur der praktische Versuch.

Ich habe deshalb eine größere Zahl Motoren gebräuchlicher Bauart auf das Verhalten ihrer Steuerung während der Entwicklung der Wärmebeharrung in der schon beschriebenen Weise experimentell geprüft.

Um eine einigermaßen brauchbare Grundlage zu schaffen, die gleichzeitig ein Bewerten der einzelnen Steuerungsausführungen ermöglicht, wurden hierzu nur Gleichdruckmotoren ausgewählt, deren minutliche Drehzahlen zwischen 180—225 lagen und deren Zylinderleistungen 35 bis 100 PSe betrugen.

Die Messungen erfolgten jeweils vor Beginn des Betriebes sowie nach dem Abstellen, wenn sich die Maschine mit Vollast in Wärmebeharrung befand. Die Temperatur des aus dem Zylinderdeckel austretenden Kühlwassers wurde für jeden Versuch derart einreguliert, daß der Temperaturunterschied zwischen Zu- und Abfluß im Mittel 40° C betrug:

Die Ergebnisse waren folgende:

1. Stehende Maschinen mit untenliegender Steuerwelle.

Gleichdruckmotoren Bauart Güldner.
Größte Spieländerung an:
Ein- und Auslaßventilen . . . . 0,3—0,4 mm
Brennstoffventilen:
älterer Steuerungsbauart. . . . . 0,4—0,6 mm
neuerer Bauart . . . . 0,2—0,3 mm[1])
Verdrehung der Steuerwelle . . . . 0°

2. Stehende Maschinen mit seitlich obenliegender Steuerwelle.

Dieselmotoren Bauart M. A. N. u. a.
Größte Spielveränderung an:
Ein- und Auslaßventilen . . . . 0,2—0,4 mm
Brennstoffventilen . . . . 0,3—0,5 mm
Verdrehung der Steuerwelle . . . . 0—1,5°

3. Liegende Maschinen mit vor dem Zylinderdeckel gelagerter Steuerwelle.

Dieselmotoren Bauart Körting.
Größte Spielveränderung an:
Ein- und Auslaßventilen . . . . 0,2—0,4 mm
Brennstoffventilen . . . . 0,3—0,5 mm
Verdrehung der Steuerwelle . . . . 0°
Zahnflankenspiel nicht meßbar; konnte aber durch Hin- und Herdrehen der Nockenwelle deutlich als vergrößert festgestellt werden.

[1]) Bei den „Ausgleichsteuerungen" des Abschnittes VI tritt überhaupt keine meßbare Spielveränderung auf.

4. Liegende Maschinen mit steuernder Längswelle.

Dieselmotoren Bauart Deutz.

Größte Spielveränderung an:

Ein- und Auslaßventilen . . . . 0,4—0,5 mm
Brennstoffventilen . . . . 0,3—0,5 mm
Verdrehung der Steuerwelle . . . . 0°

Sämtliche untersuchten Motoren arbeiteten im Viertakt, wobei bekanntlich die Nockenwelle mit der halben Winkelgeschwindigkeit der Kurbelwelle läuft. Einer Ventilspieländerung von 0,1 mm entsprachen im Mittel 0,75—1,0 Kurbelgrade Steuerwinkelverschiebung und ∾ 1,5—2,0 Kurbelgrade Steuerwinkelvergrößerung oder -verkleinerung. Die Ventilhübe wurden um rund 0,5—1 mm, je nach Übersetzungsverhältnis des Gestänges, verkleinert oder vergrößert.

Die angegebenen Werte erheben keinen Anspruch auf absolute Zahlenrichtigkeit. Hierzu war das Versuchsmaterial zu ungleich, nachdem es sich teilweise um fabrikneue, teilweise um bereits jahrelang im Dienst stehende Motoren handelte. Auch die bauliche Ausführung der inneren Steuerung war nicht überall einheitlich durchgebildet. Zweck der Untersuchungen war, nur festzustellen, daß den theoretischen Folgerungen des Abschnittes III im praktischen Betriebe tatsächlich meßbare Wirkungen gegenüberstehen.

Um den Einfluß der Steuerphasenveränderungen beurteilen zu können, seien die bei ortsfesten Verbrennungsmaschinen gebräuchlichen Ventilöffnungszeiten kurz angegeben. Ihre Größe ist bekanntlich keine Eigenart irgend einer Motorentype, sondern wird durch die Kolbengeschwindigkeit in Rücksicht auf günstige Lade-, Entlade- und Verbrennungsvorgänge im Arbeitszylinder bedingt.

Bei Viertaktmaschinen öffnet das Einlaßventil ungefähr 20° (Kurbelgrade) vor dem inneren Totpunkt und schließt rund 20° nach dem äußeren. Ähnlich steuern die Gas- und Mischventile der stationären Verpuffungsmotoren. Die Eröffnung des Auslasses erfolgt rund 30—45° vor äußerem Totpunkt und endet rund 10° nach dem inneren. Das Einblasen des Treiböles geschieht bei Langsamläufern von 0—5°, bei Schnelläufern von 5—10° vor innerem Totpunkt und ist 35—45° nach ihm beendet. Gleichdruckmotoren mit sogenannter Zündölvorlagerung blasen 0° vor innerem Totpunkt ein.

Aus diesen und den Zahlenangaben auf S. 56 kann gefolgert werden:

b) Die Wirkungen der Steuerphasenveränderungen der Ein- und Auslaßventile,

verursacht durch die ungleiche Wärmedehnung zwischen Maschinenkörper und Steuerung sind auf die Steuertätigkeit ohne praktisch bedeutungsvollen Einfluß, da die Eingriffsbahnen der Ein- und Auslaßventile so groß und in den Anfangs- und Endpunkten so wenig empfindlich sind, daß die aus dem Ausdehnungsunterschied entstehende Eingriffsverlegung und Öffnungswinkeländerung relativ belanglos ist. Eine Spielverengung verbessert die Eröffnungs- und Schlußzeiten unter Vergrößerung des Ventilkegelhubes, kann aber zu Betriebsstörungen führen, wenn das bei kalter Maschine eingestellte Anfahrspiel im Vergleich zur Wärmedehnung zu klein bemessen war. Dann verliert der Ventilteller mit Zunahme der Betriebswärme Fühlung mit seinem Sitz und dichtet nicht mehr ab. Die Folgen sind: Kompressionsverlust, ungenügende Verbrennung, Aussetzer sowie Verknaller in der Ansaug- oder Auspuffleitung.

Eine Spielerweiterung vergrößert die Lade- und Entladearbeiten, bringt aber im allgemeinen keine Störungen mit sich.

c) Die Wirkungen der Steuerphasenveränderungen der Brennstoffventile.

Von großem Einfluß ist die ungleiche Wärmedehnung auf den engbegrenzten Steuerabschnitt des Brennstoffventiles.

Alle Gleichdruckmaschinen arbeiten mit Selbstzündung, die darauf beruht, daß in die im Arbeitszylinder hochverdichtete und dadurch erhitzte reine Luft Treiböl mittels Überdruckes eingeblasen und zerstäubt wird und hier ohne Zuhilfenahme einer besonderen Zündung verbrennt. Einblasen des Öles, somit Einleitung und Verlauf der Verbrennung, sind von der Nadeleröffnung abhängig. Damit die im Arbeitszylinder erzeugte Luftverdichtung möglichst ausgenützt wird und sich am Totpunkt bereits genügend Treiböl im Verbrennungsraum befindet, muß das Einspritzen des Brennstoffes bei Maschinen ohne Zündölvorlagerung[1]) (sogenannte Rohölmotoren) stets einige Grade vor Hubwechsel erfolgen.

Verschiebt sich nun der Eröffnungspunkt der Nadel als Folge der Wärmedehnungsunterschiede nur um wenige Grade, so treten entweder

1. durch verfrühte Brennstoffzufuhr heftige Drucksteigerungen im Totpunkt mit schädlichen Gestängestößen und Materialbeanspruchungen auf, oder es entsteht

2. durch verspätetes Einblasen wegen Abnahme der Verdichtungstemperaturen ungenügende Zündung und Verbrennung und damit Vergrößerung des Treibölverbrauches.

Zu 1. Das vorzeitige Einführen des Brennstoffes in den Zylinder wird bei Motoren mit untenliegender Steuerung durch die Nadelspielverengung verursacht. Je kleiner das Anfahrspiel während des Betriebes wird, um so früher kommen die Angriffspunkte des Ventilhebels

---

[1]) Über Maschinen mit Zündölvorlagerung gibt S. 63 und 64 Aufschluß.

und der Nadel in Berührung, um so eher beginnt der Nadelhub, mit anderen Worten das Einblasen und Zünden des Treiböles.

In dieser bis zur vollen Beharrung stetig früher einsetzenden Zündung liegt eine nicht zu unterschätzende Gefahrsmöglichkeit: die der Dieselmaschine charakteristische Wärmezufuhr bei konstantem Druck geht immer mehr in solche bei konstantem Volumen über, wobei unter Voraussetzung gleicher Wärmemengen ein fortwährendes Anwachsen der Verbrennungsenddrucke und -temperaturen eintritt. Die gegenseitige Abhängigkeit der spezifischen Wärmen c_p und c_v lehrt, daß hierbei theoretisch Drucke und Temperaturen entstehen können, die als Maxima rund 1,4 mal so groß sind wie die einer Wärmezufuhr bei gleichbleibendem Druck[1]). Das ist im Interesse der Lebensdauer der Maschine und der Sicherheit der Bedienung nicht erwünscht.

In Diagr.-Tafel 1 sind eine Reihe von Diagrammen abgebildet, wie sie an einem 65-PSe-Gleichdruckmotor Bauart Güldner von $D = 365$ mm, $S = 580$ mm, $n = 190$/min bei Vollast während zunehmender Betriebswärme aufgenommen wurden. Die sogenannte „Ausgleichsteuerung“, auf die Abschnitt VI zu sprechen kommt, war ausgeschaltet, so daß sich das Nadelspiel unter dem Einfluß des wachsenden Dehnungsunterschiedes ungehindert verkleinern konnte. Angefahren wurde bei kaltem Motor mit 0,95 mm Nadelspiel, wobei das Brennstoffventil 0° vor innerem Totpunkt öffnete und 35° nach innerem Totpunkt schloß. Nach 37 Minuten Betriebsdauer bei voller Last und gleichbleibenden Kühlwassermengen war das Nadelspiel auf 0,2 mm, d. h. fast auf $^1/_5$ des Anfahrspieles verengt. Das Einblasen begann 5° vor innerem Totpunkt und war 38° nach innerem Totpunkt beendet. Der Einblasewinkel hatte sich demnach um 5° verschoben und war um 8° größer geworden. (Zahlentafel 5.) Die Diagramme zeigen deshalb ein stetiges Anwachsen des Verbrennungsenddruckes. Der Unterschied der indizierten Höchstdrucke von Versuchsbeginn bis -ende beträgt 5 at; er wäre noch größer geworden, wenn nicht aus Sicherheitsgründen der Einblasedruck während der Versuche fortlaufend erniedrigt und die Maschine vor Eintritt der Wärmebeharrung bereits abgestellt worden wäre.

Geht die Nadelspielverengung so weit, daß das Brennstoffventil überhaupt nicht mehr vollständig schließt, so entstehen Betriebsstörungen.

Wenn nämlich die Nadel nicht abdichtet, tritt die Einblaseluft ständig ungehindert in den Arbeitszylinder. Dies ist im allgemeinen ohne Bedeutung, solange die Brennstoffpumpe kein Öl in das Nadelgehäuse fördert; setzt jedoch die Förderung ein, so gelangt Öl ungewollt in den Verbrennungsraum. Wenn es während des Auspuffhubes, ge-

[1]) In Wirklichkeit wird dieser Wert nicht ganz erreicht, da die Zündung stets eine gewisse Zeit benötigt, in der der Kolben selbst bei der in Nähe des inneren Totpunktes geringen Geschwindigkeit ein bemerkbares Hubvolumen freilegt.

gebenenfalls noch in der Expansionsperiode geschieht, setzt die Maschine aus. Fällt aber der Pumpenhub ganz oder teilweise in die Ansaug- und Kompressionstakte[1]), so wird an Stelle reiner Luft ein Ölluftgemisch verdichtet, und zwar auf Temperaturen, die stets über der Entzündungstemperatur des Ölgases liegen. Die Folge ist Verbrennung vor innerer Totlage. Da der zum Totpunkt laufende Kolben die Verbrennungsgase gleichzeitig verdichtet, entstehen meist Drucke explosionsartigen Charakters, die zu schweren Beschädigungen des Motors führen können.

Es sei erwähnt, daß die zuletzt geschilderten Vorgänge mit denen übereinstimmen, die das Hängenbleiben der Brennstoffnadel in der Stopfbüchsenpackung verursachen. Im Gegensatz hierzu läßt jedoch bei jenen die Maschine durch zunehmende hörbare Gestängestöße frühzeitig erkennen, daß Drucksteigerungen einsetzen, während das Hängenbleiben der Nadel meist plötzlich, unvorhergesehen eintritt und deshalb in seinen Wirkungen um so gefährlicher wird.

In der Praxis umgeht man die zu große Frühzündung dadurch, daß man die Steuerung mit Rücksicht auf die Spielverengung nur bei voller Betriebswärme an Hand des Indikatordiagrammes auf einwandfreien Verlauf des Kreisprozesses einstellt. In der Übergangszeit von kalter zu warmer Maschine ist dann das Nadelspiel zu groß.

Der Motor arbeitet beim Anfahren folglich zunächst mit Spätzündung und springt, der Abnahme der Verdichtungstemperatur halber, deswegen weniger leicht an. Die Verbrennung leidet, abgesehen von den bekannten Folgen des nacheilenden Einblasevorganges, unter der Verringerung der Einblaseluftmenge, verursacht durch die Verkürzung des Nadelhubes. Letztere Erscheinung kann dazu führen, daß die noch kalte Maschine anfänglich keine Vollast zieht, weil wegen der ungenügenden Zerstäubung und Ölgasbildung die dadurch bedingte unvollkommene Verbrennung den erforderlichen mittleren indizierten Druck nicht aufzubringen vermag.

Pflegt man jedoch, wie meist üblich, nicht sofort mit voller Last wegzufahren, so ist die Einblaseluftverringerung für solche Betriebsverhältnisse mit Vorteilen verbunden.

Für niedere Belastungen (geringe Treibölzufuhr) ist erfahrungsgemäß die Einblaseluftmenge, die proportional dem Nadelhub und dem Einblaseüberdruck ist, möglichst klein zu halten, wenn nicht die Zerstäuberplatten von Öl reingefegt und stoßender Gang mit Zündungsstörungen,

[1]) Bei Dreizylindermaschinen mit gemeinschaftlicher Brennstoffpumpe und der üblichen Kurbelversetzung von 240° ist nur ein Steuerwellenwinkel von 45° für die Förderung vorhanden; bei einem der Zylinder fällt der Druckhub der Pumpe deshalb unvermeidlich in die erwähnten Hübe. An Zwei- und Einzylindermotoren kann es umgangen werden.

verursacht durch das Fehlen des Zündtropfens[1]) und zu starke Abkühlung der Zylinderladung, eintreten sollen. Man vermeidet dies durch niederen Einblasedruck oder verstellbaren Nadelhub. Es geht daraus hervor, daß Maschinen mit großem Anfahrspiel und mithin kleinem Nadelhub beim Anspringen unempfindlich gegen hohen Einblasedruck sind und ein peinlich genaues Einhalten eines gewissen Höchstdruckes nicht erforderlich ist. Der gleiche Vorteil zeigt sich, wenn von hoher Last auf niedere Motorleistung heruntergegangen wird. Die dabei wieder entstehende Spielerweiterung verkleinert den Nadelhub und verringert dadurch die Einblaseluftmenge, die in den Zylinder eindringen kann. Das bedeutet gleichzeitig eine Ersparnis an Einblaseluft, was besonders bei Schiffsmaschinen ins Gewicht fällt, da bei diesen Motoren eine Verringerung der Leistung gleichbedeutend mit einer Abnahme der Umdrehungszahl ist, wodurch die Zeitdauer des Nadelhubes zunimmt und der Verbrauch an Druckluft wächst. Eine eigene Nadelhubregulierung ist deshalb im allgemeinen überflüssig. Es ist dies einer der Gründe, warum sich die untenliegende Steuerwelle im Schiffsmaschinenbau besonderer Beliebtheit erfreut.

Zu 2. Bei Motoren mit seitlich obenliegender Steuerwelle entsteht zunächst mit zunehmender Betriebswärme Nadelspielerweiterung.

Der Angriffspunkt des Brennstoffhebels trifft deshalb mit der Nadel stetig später zusammen. Einblasen, Zünden und Verbrennen des Treiböles erfolgt also im Vergleich zur Kurbelbahn mit wachsender Verzögerung. Damit sind im allgemeinen nur Vorteile verbunden.

Mit Steigerung der Betriebswärme verkürzt sich nämlich die zur Ölgasbildung und Einleitung der Zündung erforderliche Zeit, die der eingeblasene Brennstoff zu seiner vollkommenen Verbrennung benötigt.

Durch die Erwärmung der Zylinderladung erfolgt der Verbrennungsverlauf rascher und intensiver, bringt folglich stets Drucksteigerungen mit sich. Diese sind am schädlichsten in unmittelbarer Nähe des inneren Totpunktes, da hier die Schubstange fast oder ganz senkrecht steht und den gesamten Kolbenbodendruck auf die Kurbelwelle weitergibt.

Setzt jedoch die Zündung des Brennstoffes mit zunehmender Betriebswärme entsprechend später ein, so durchläuft der Arbeitskolben ein größeres Volumen vom inneren Totpunkt aus, und Drucksteigerungen werden vermieden. Die Zündpunktverlegung darf aber nicht zu weit

[1]) Der von der Brennstoffpumpe vor einem Arbeitsspiel in das Nadelgehäuse geförderte Brennstoff gelangt nicht restlos zur Einspritzung. Es verbleibt vielmehr an der Oberfläche der Zerstäuberplatten, der Nadel usw. etwas Öl hängen, das sich am tiefsten Punkt des Nadelgehäuses sammelt, um beim Eröffnen sofort eingeblasen zu werden. Dieser Tropfen leitet die Verbrennung der ihm folgenden Hauptmenge des Treiböles ein. In versetzten Diagrammen deutlich an der Einbuchtung der Verbrennungslinie zu sehen. Siehe Nägel: Versuche an einer Dieselmaschine. Gasmotorentechnik 1908.

gehen, da sonst die Expansionsarbeit der Gase verkleinert, gegebenenfalls sogar, wie schon erwähnt, die Entzündung des Ölgases durch die Druck- und Temperaturabnahme in Frage gestellt wird.

Ein weiterer Vorteil der Nadelspielvergrößerung beruht darin, daß bei kalter Maschine mit kleinstem Eingriffsspiel, d. h. frühester Zündung angefahren werden kann. Es wird damit dem Umstand Rechnung getragen, daß das eingeblasene Treiböl bei kaltem Motor längere Zeit zur Vergasung benötigt als bei warmem. Das Anspringen der Maschine erfolgt dadurch leichter und sicherer.

Ist die Zündung an Hand des Indikatordiagrammes bei voller Wärmebeharrung und Leistung richtig eingestellt, so verfrüht sie sich immer mehr, je weniger Last der Motor zu ziehen hat, mit andern Worten je mehr die Temperatur des Maschinenkörpers infolge der Abnahme der Wärmezufuhr zurückgeht.

Hierin liegt eine gewisse Unlogik, da die Verbrennung bei voller Last der größeren Ölzufuhr halber mehr Zeit und früheres Zünden benötigt als bei kleinen Belastungen und geringen Ölmengen. Obendrein ist gerade bei letzteren der Eingriffswinkel des Brennstoffventiles größer als bei hoher Last, was dazu zwingt, der richtigen Einstellung des Einblasedruckes besonderes Augenmerk zu schenken, wenn nicht Luftverschwendung, stoßender Gang und Zündungsstörungen aus den bereits besprochenen Ursachen eintreten sollen. Es kann deshalb auch der Vorteil des leichten Anspringens, der solchen Motoren selbst im kalten Zustande wegen der hier vorhandenen großen Frühzündung eigen ist, nur ausgenutzt werden, wenn der Einblasedruck nicht mehr als wenige Atmosphären über dem Kompressionsenddruck liegt. Andernfalls wird die beim Öffnen der Nadel sich bildende Zündflamme durch die heftige und lange Einwirkung der kalten Einspritzluft leicht ausgeblasen.

Wird der Wärmezustand der Maschine nicht genügend beherrscht, sei es durch ungenügenden Kühlwasserdurchlauf oder durch Schlamm- oder Kesselsteinniederschläge auf den wärmeleitenden Zylindermantel- und Deckelflächen, so verengt sich das anfänglich erweiterte Nadelspiel wiederum. Die dadurch bedingte Zunahme der Frühzündung macht sich in einem allmählichen Anwachsen der Verbrennungsenddrucke bemerkbar, dessen Folgen schon bei der Untersuchung der untenliegenden Steuerwelle gewürdigt wurden. Eine aufmerksame Bedienung wird dieser Erscheinung rechtzeitig durch entsprechende Verringerung des Einblasedruckes begegnen, allerdings auf Kosten einer gewissen Verschlechterung der Zerstäubung und Zunahme des Brennstoffverbrauches.

3. Die Steuerwellenverdrehung bei Motoren mit obenliegender Nockenwelle verursacht eine Verschiebung der Ventileingriffsabschnitte zur Kolbenlaufbahn, ohne dabei die Größe des Eingriffswinkels und Nadelhubes zu beeinflussen. Die Wirkungen der Spielveränderungen können

dadurch je nach dem Zahndrall teilweise ausgeglichen, jedoch auch verschärft werden. Unter normalen Kühlwasserverhältnissen ist der Wellenverdrehung keine Bedeutung beizulegen. Bei übergroßer Steigerung der Temperatur des Maschinenkörpers, sei es beabsichtigt oder ungewollt, kann ihr Einfluß auf die Steuertätigkeit jedoch nicht verleugnet werden. Das beweisen die Versuchswerte der Position 7 der Zahlentafel 3.

In Diagr.-Tafel 2 sind einige Diagramme abgebildet, die an den auf S. 45 ff. beschriebenen Dieselmotoren Bauart M. A. N. der Technischen Hochschule München abgenommen wurden. Um allen Zufälligkeiten zu entgehen, wurden jeweils 4—5 Arbeitsspiele unmittelbar hintereinander auf ein und demselben Indikatorblatt festgehalten. Einblasedruck und Vollast blieben von Beginn bis Ende des Betriebes, der unter den Bedingungen der Zahlentafel 3 erfolgte, konstant.

Die Veränderung der Zündung durch die anfängliche Nadelspielerweiterung, spätere Verengung ist an dem Auftreten und Wiederverschwinden der kleinen Spätzündungsspitze, sowie an der zunächst abfallenden, später wieder ansteigenden Verbrennungslinie in den Diagrammen deutlich erkennbar. Das Abfallen der Verbrennungslinie ist darauf zurückzuführen, daß durch die Verkleinerung des Nadelhubes als Folge der Spielerweiterung der verhältnismäßig nieder eingestellte Einblasedruck nicht mehr genügt hat, eine vollkommene Zerstäubung zu erzielen.

Es läßt sich ferner feststellen, daß die in Zahlentafel 3 ermittelte Steuerwellenverdrehung entgegengesetzt dem Laufsinn der Nocken erfolgte, da trotz der am Ende der Versuche überhohen Temperaturlage des Maschinenkörpers und des auf den Anfangszustand verengten Nadelspieles Drucksteigerungen in den Diagrammen nicht zu sehen sind.

Bei langsamlaufenden Motoren mit großen Zylinderleistungen und Bauhöhen, wie sie in Schiffen Verwendung finden, dürfte auch die Nockenwellenverdrehung in normalen Betriebswärmezuständen bemerkbar sein. Insbesondere dürfte bei Umsteuerungen mit gleicher Nockenwelle der relative Unterschied zwischen den Zündungsvorgängen für Vorwärts- und Rückwärtsfahrt auffällig werden. Zur endgültigen Lösung dieser Frage genügt aber das vorliegende Material nicht.

Besonders empfindlich gegen Veränderung des Zündpunktes sind alle Teerölmaschinen, die mit sogenannter Zündölvorlagerung, d. h. mit Voreinblasen eines die Verbrennung im Zylinder einleitenden Tropfens Rohöl arbeiten.

Im Gegensatz zu den Rohölmotoren lagert bei ihnen nicht die gesamte, pro Arbeitshub erforderliche Ölmenge im Zerstäuberraum, sondern nur das eigentliche Treiböl (Teeröl), während das sogenannte Zündöl durch einen Kanal unmittelbar an die Nadelspitze geführt wird. Die Zeit zur Einleitung der Verbrennung mittels des voreingeblasenen

Zündöltropfens, gerechnet von Beginn des Nadelhubes, ist deshalb bei Teerölmaschinen viel kürzer als bei Rohölmotoren, bei denen das Treiböl selbst die Zündung anbahnt und den verhältnismäßig langen Weg durch den Zerstäuberringsatz zurücklegen muß, bevor es in den Verbrennungsraum gelangt. Der Zündöltropfen der Teerölmaschinen lagert hingegen in dem erwähnten Umführungskanal unmittelbar an der Nadelspitze, also in allernächster Nähe der Düsenplatte. Voreinblasen und Zünden fallen deshalb zeitlich zusammen; daher vertragen Teerölmotoren kein oder nur ein ganz geringes Voröffnen, will man auffällige Drucksteigerungen, die überdies durch die charakteristische „Zündölspitze" nicht ganz umgangen werden können, vermeiden.

Durch das für volle Betriebswärme bei Teeröl unmittelbar am Totpunkt erforderliche Zünden ist darum die Maschine mit untenliegender Nockenwelle und Nadelspielverengung gezwungen, mit großer Spätzündung anzulaufen, während Motoren mit seitlich obenliegender Steuerwelle und Spielerweiterung mit erheblicher Frühzündung anfahren müssen. Im ersteren Falle tritt allerdings durch die Vorlagerung des Zündöltropfens und die dadurch schneller einsetzende Verbrennung ein gewisser Ausgleich ein; bei den zuletzt genannten Motoren wird jedoch die Frühzündung verschärft.

Weniger empfindlich gegen Steuerphasenveränderungen sind, verglichen mit den Brennstoffventilen der Ölmotoren, die Gas- und Mischventile der Gasmaschinen. Dies hängt einesteils mit den verhältnismäßig großen Steuerabschnitten zusammen, die ungefähr denen der Einlaßventile gleich sind, andernteils wird im Gegensatz zu den Hochdruckölmaschinen die Einleitung der Zündung nicht durch die Eröffnung der Ventile, sondern durch eine besondere, beliebig hierzu einstellbare Zündvorrichtung ausgelöst.

Bei den Gas- und Mischventilen ist zu unterscheiden zwischen selbsttätigen Organen, die nicht gesteuert, sondern durch den Saugdruck der Maschine aufgehoben werden, und solchen, deren Antrieb zwangläufig mit dem Einlaßventil erfolgt. Dies kann entweder in einfacher Weise von der Einlaßspindel aus durch einen hier angebrachten Anschlag oder durch ein besonderes Gestänge geschehen.

Zum Zwecke vollkommener Verbrennung hat die Mischung von Gas und Luft bereits beim Eintritt in den Arbeitszylinder aufs sorgfältigste zu erfolgen. Erweitert sich nun in der Betriebswärme das Ventilspiel, so legt der Kolben ein verhältnismäßig großes Hubvolumen zurück, ohne zunächst den Einlaß zu öffnen. Der Saugdruck im Zylinder nimmt dadurch zu und beim Einlassen der Luft öffnet dann ein automatisch gesteuertes Gasventil relativ zum Einlaßventil früher als sonst. Es wird deshalb eine größere Menge Gas und weniger Luft angesaugt; die Zylinderladung hat folglich nach der Spielerweiterung im Vergleich zum Luftgewicht mehr Gas als vorher, wodurch das Gemisch übersättigt und die Verbrennung unvollkommen wird. Das ist um so unangenehmer, als die Spielerweiterung bei den gebräuchlichen, nach innen öffnenden Ventilen nur bei warmer Maschine vorhanden sein kann, wo der leichten Diffusion des Gases halber an und für sich ein größerer Luftüberschuß als im kalten Zustande erwünscht wäre. Körting u. a. umgehen die Übersättigung, indem sie das Gasventil doppelsitzig als selbsttätiges Mischventil ausbilden, das beim Anhub gleichzeitig Gas und Luft eintreten läßt, so daß nahezu ständig das gleiche Mischverhältnis vorhanden ist.

Bei gesteuerten Gas- und Mischventilen sind die Betriebserscheinungen von vornherein günstiger. Der Verlust an nutzbarem Kegelhub ist für Luft- und Gasventil bei Spielvergrößerung ungefähr gleich. Es ändert sich deshalb die Qualität des Gemisches im allgemeinen nicht, sondern nur seine Menge. Das ist aber für die in Frage kommenden Werte meistens belanglos und verursacht nur einen tieferen Stand der Regulatormuffe.

Hingegen ist die Möglichkeit vorhanden, daß bei reiner Gemischregelung, die bei Belastungsschwankungen nur die Zufuhr des Gases einstellt, oder bei kombinierter Füllungs- und Gemischregelung, wo beide sich ändern, auch die Mischung durch die Spielveränderung nachteilig beeinflußt wird. Professor E. Meyer hat von einem 10 PSe Deutzer Gasmotor des Göttinger Institutes für technische Physik mitgeteilt[1]), daß dieser Motor, der mit Regulierung des Gasventiles arbeitete, bei 10 PSe Belastung 4%, bei 8 PSe 8% und bei 6 PSe Belastung 15% Heizwertverlust durch unvollständige Verbrennung aufwies. Meyer glaubt, daß der betreffende Gasnocken beim Ausprobieren auf dem Prüfstand für einen günstigen Brennstoffverbrauch bei Vollast nachgefeilt war, während das in den inneren Stellungen des Nockens für niedere Belastungen nicht geschehen sei. Ich bin der Ansicht, daß die Sachlage auch anders gedeutet werden kann. Die untersuchte Maschine wird, wie gebräuchlich, auf dem Prüffelde im Beharrungszustande mit einem gewissen Spiel für geringsten Brennstoffverbrauch einreguliert worden sein. Da mit Abnahme der Belastung und der Betriebswärme auch das Ventilspiel beeinflußt wird, so ändert sich das günstige Hubverhältnis zwischen Gas- und Einlaß- (Luft-) Ventil selbst dann, wenn die Nockenausführung im Zusammenhang mit den verschiedenen Regulatorstellungen einwandfrei ist. Mischung und Verbrennung werden unvollkommener. Derartige Beobachtungen habe ich an einigen Gasmotoren der Güldner-Motoren-Gesellschaft machen können. Hinsichtlich der Deutzer Gasmaschine des Göttinger Institutes, deren Steuerungseinzelheiten aus der angeführten Veröffentlichung nicht zu entnehmen sind, muß ich einem endgültigen Urteil jedoch entsagen.

[1]) Meyer, E.: Große Gasmaschinen. Z. d. V. d. I. 1900, S. 329.

Zum Schlusse soll nicht unerwähnt bleiben, daß die im vorliegenden Abschnitt untersuchten Betriebserscheinungen durch geringe Kühlwassertemperaturunterschiede teilweise gedämpft werden können. Stellt man die Steuerung für einen maximalen Temperaturunterschied zwischen Kühlwasserein- und -austritt von 20—30° C ein und achtet während des Betriebes darauf, daß jener nicht überschritten wird, so sind die Spielveränderungen und gegebenenfalls auftretenden Steuerwellenverdrehungen in ihren Folgen im allgemeinen weniger auffällig. Auf dieses Mittel wird von verschiedenen Firmen in ihren Bedienungsvorschriften des öfteren hingewiesen. Der dadurch erzielte steuertechnische Vorteil geht jedoch auf Kosten eines größeren Kühlwasserbedarfes und meist auch verschlechterten mechanischen Wirkungsgrades.

d) Vergleichende Kritik der gebräuchlichen Steuerungsanordnungen.

Um eine einseitige Bewertung der besprochenen Steuerungsbauarten auf Grund der bisherigen Ergebnisse zu vermeiden, sei eine vergleichende Kritik über ihre sonstigen Eigenschaften kurz gegeben. Dabei soll die allen Ventilsteuerungen anhaftende Kegelstreckung, die zwar ein durch Spindelkühlung teilweise zu beseitigendes, im allgemeinen aber unvermeidliches Übel ist, als ein bei allen Antrieben gleichwertiger Faktor betrachtet und darum außer acht gelassen werden.

1. Steuerungen stehender Maschinen.

Sieht man zunächst von Herstellungs-, Bedienungs-, Betriebs- und Kostenfragen ab und bewertet die Steuerung stehender Motoren lediglich auf Grund der Steuerphasenveränderungen, so zeigt sich unbestreitbar eine Überlegenheit der in der Nähe der Ventile gelagerten Nockenwelle gegenüber anderen Anordnungen. Das ist erklärlich, denn je näher die Nockenwelle an die innere Steuerung herankommt, um so weniger Bedeutung haben durch Wärme verursachte Längenänderungen des Maschinenkörpers. Von diesem Gesichtspunkte aus müßten deshalb alle von unten angetriebenen (stehenden) Ventile untenliegende, alle oben im Zylinderkopf gelagerten (hängenden) Ein- und Auslaßorgane obenliegende Steuerwellen haben. Daß es in der Praxis in sehr vielen Fällen nicht so ist, beweist, daß für die Bauarten der äußeren Steuerungen noch ausschlaggebendere Erscheinungen als die im Abschnitt III und IV entwickelten, mitsprechen müssen.

Die untenliegende, im Kurbelkasten laufende Nockenwelle, die in seitlichen Taschen neben dem Zylinder gelagerte, stehende Ventile direkt mittels Stößel antreibt, ergibt die billigste Steuerungsanordnung. Sie wird deshalb an Kleinmotoren, die im allgemeinen, um konkurrenzfähig zu sein, wenig Geld kosten dürfen, sehr häufig ausgeführt, wobei noch als weiterer Vorzug der leichte Ein- und Ausbau der Ventile, sowie das Fehlen besonderer Ventileinsätze empfunden wird. Sie hat aber den Nachteil, daß die Unterbringung genügender Ventilquerschnitte besonders bei Schnelläufern Schwierigkeiten bereitet und wegen der seitlichen Taschen das Ausstoßen der Verbrennungsgasreste aus dem zerklüfteten Kompressionsraum nur unvollkommen möglich ist. Hierdurch und wegen der verhältnismäßig großen Oberfläche des Verdichtungsraumes, die einen nicht unerheblichen Betrag an Wärme abgibt, bevor diese Expansionsarbeit leistet, leidet die Wirtschaftlichkeit des Betriebes. Wärmeökonomische Fragen treten aber meistens bei den Verwendungszwecken solcher Motoren gegenüber dem Anschaffungspreis in den Hintergrund.

Das Unterbringen genügender Ventilquerschnitte kann übrigens durch Anordnung einer zweiten, auf der anderen Zylinderseite laufenden Nockenwelle erreicht werden, allerdings durch neuerliche Verschlechterung der Betriebswirtschaft und Erhöhung der Gestehungskosten. Dazu kommt, daß sich in dem bei dieser Bauart sehr flachen und breit ausgedehnten Verdichtungsraum die Zündung verhältnismäßig träge fortpflanzt und darum meistens das Anbringen einer zweiten Zündkerze nötig macht.

Ein anderes Mittel ist die Lagerung hängender Einlaßventile über den stehenden Auslaßventilen. Es gestattet den Einbau großer Ventilteller bei verhältnismäßig kleiner Verdichtungsraumoberfläche und bewirkt eine intensive Kühlung des Auslaßventiles, die insbesondere bei luftgekühlten Motoren erwünscht ist. Dafür ist aber für die hängenden Ventile das Einschalten einer Stoßstange mit Umkehrhebel und die Verwendung von besonderen Einsätzen zum Ein- und Ausbau erforderlich.

Bei Schwerölmaschinen und Brennstoffeinspritzung mit oder ohne Druckluft ist die Form des Verbrennungsraumes von besonders großer Bedeutung. Durch Taschen zerklüftete Räume sind hier nicht angängig, weil die Brennstoffteilchen bei der meist zentralen Lage der Einspritzorgane nicht in die seitlichen Taschen eindringen können, wodurch die dort befindliche Luftmenge der Verbrennung verlorengeht. Man führt deshalb bei solchen Maschinen stets sämtliche Ventile hängend aus und setzt sie in die Mittellinie des Zylinderkopfes. Auch bei Verpuffungsmaschinen, besonders Flugmotoren, ist letzteres nicht selten anzutreffen.

Durch diese Anordnung, die zur Ausbildung eines einfachen Verbrennungsraumes und seiner wirtschaftlichen Vorteile notwendig ist, kann aber die Bewegungsübertragung von Nocken auf Ventil bei untenliegender Steuerwelle nur über Stoßstange und doppelarmigen Hebel erfolgen. Die untenliegende Nockenwelle hat dann zwar die Nachteile, größere Spielveränderungen und Massendrucke zu verursachen, dafür aber die Vorteile bester Zugänglichkeit zu den Ventilen und Zylinderköpfen, geringen Verschleißes der dort stets im Ölbad laufenden Nocken, geschützter Lage der gesamten Steuerwelle, sowie meist auch niederer Herstellungskosten.

Bei Schiffsmotoren und ortsfesten Langsamläufern mit großen Bauhöhen, bei denen man der Gestaltung des Verbrennungsraumes halber stets nur hängende Ventile im Zylinderkopf anordnet, kommt hinzu, daß die Bedienung (Anfahren, Abstellen, Umsteuern) von unten ohne Zuhilfenahme einer Bühne von ein und demselben Platze aus erfolgen kann, wodurch die Betriebsbereitschaft und Beweglichkeit des Aggregates wesentlich gewinnt.

Motoren mit obenliegender Steuerwelle haben den Vorzug, geringe Spielveränderungen durch ungleiche Wärmedehnungen zu erleiden und kleine Gestängemassen zu besitzen, was beides besonders bei Schnelläufern im Interesse niederer Massenkräfte und besserer Ausnützung der Steuereingriffe sehr günstig ist. Die obenliegende Nockenwelle ist deshalb bei Fahrzeug- und Flugmotoren mit hohen Drehzahlen stark in Verbreitung begriffen.

Als Nachteile stehen gegenüber: die schlechte Zugänglichkeit zu den Ventilen und Zylinderköpfen (um ein Ventil nachzuschleifen, muß meist die ganze Steuerwelle ausgebaut werden), die bei Mehrzylindern durch das unvermeidliche Hin- und Herpendeln der einzelnen Zylinder entstehenden Deformationsarbeiten in der Steuerwelle, die im Vergleich zur untenliegenden Welle ungünstige Schmierung der Nocken und ihr größerer Verschleiß, die meist größeren Herstellungskosten. An Schnelläufern ist überdies eine Verschalung der Nockenwelle erforderlich, um ein Abspritzen von Öl zu vermeiden.

Die schwierige Zugänglichkeit zu den Zylinderköpfen macht sich besonders bei Dieselmaschinen unangenehm bemerkbar, wo das Ausbauen und die Untersuchung der Ventile öfters und je nach dem Verwendungszweck des Motors sehr rasch vorgenommen werden muß. In Erkenntnis dieses Umstandes führt man die Hebel der Brennstoffventile, die im Dauerbetrieb fast jeden zweiten Tag nachzusehen sind, zweiteilig aus, so daß sie herausgenommen werden können, ohne das ganze Hebelsystem abnehmen zu müssen. Da die Nockenwelle meistens die Brennstoffpumpe antreibt, die beim Anfahren und Abstellen zu bedienen ist, so macht sich bereits bei verhältnismäßig kleinen Bauhöhen das Bedürfnis nach einer Bühne fühlbar. Bei Mehrzylindern kommt hinzu, daß das gleichzeitige Einrücken sämtlicher Brennstoffhebel, das im Interesse raschen Anfahrens oder Umsteuerns beispielsweise bei Schiffsmaschinen notwendig ist, nur durch Einbau einer weiteren Welle mit Gestänge möglich wird, wodurch die Zugänglichkeit und Übersichtlichkeit wiederum leidet.

Unten- und obenliegende Steuerwelle haben demnach beide ihre Vor- und Nachteile. Je nach dem Verwendungszweck der Maschine werden diese oder jene bedeutungsvoller sein und für die Wahl der einen oder anderen Steuerung den Ausschlag geben.

2. Steuerungen liegender Maschinen.

Im Gegensatz zu den stehenden Maschinen ist bei den liegenden eine gewisse Vereinheitlichung in der Anordnung der Steuerwelle zu beobachten.

Doppeltwirkende Motoren haben stets nur steuernde Längswelle, da wegen der auf Kurbel- und Deckelseite durchgehenden Kolbenstange und des dadurch beschränkten Platzes ein axialer Einbau der Ventile von vornherein unmöglich ist. Die radiale oder seitlich senkrechte Anbringung der Ein- und Auslaßorgane ist deshalb bei solchen Maschinen die einzige Ausführungsmöglichkeit. Sie hat den Vorteil, große Ventilquerschnitte unterbringen zu können und ein Ausschleifen, Undichtwerden sowie Hängenbleiben der Spindeln (im Gegensatz zu liegenden Ventilen) in weitgehendem Maße zu verhindern, den Nachteil, daß die wärmetechnisch und baulich günstige Ausbildung des Verbrennungsraumes auf Schwierigkeiten stößt und überdies ein Einschalten von Stoßstangen mit ihren hier auffälligen Spieländerungen unvermeidlich ist. Bei Brennstoffventilen macht sich ferner durch die radiale Lage nachteilig bemerkbar, daß infolge des bei Dieselmaschinen knapp bemessenen Verdichtungsraumes der Weg sehr kurz wird, den das eingeblasene Gemisch zur Ausnutzung des Luftinhaltes zurücklegen kann[1]). Man ist deshalb gezwungen, bei starken Motoren mehrere Brennstoffventile anzuordnen, was baulich keine Vereinfachung bedeutet.

Bei einfachwirkenden Gleichdruckmaschinen stehen der axialen Lagerung des Brennstoffventiles keine Hindernisse im Wege. Man setzt deshalb das Einblaseventil stets auf die Zylinderdeckelfläche und treibt es entweder durch eine besondere querliegende Welle (M. A. N., Körting) oder durch einen entsprechend geformten Hilfshebel direkt von der Längswelle aus an (Deutz u. a.). Es bleibt dann noch die Möglichkeit, Ein- und Auslaßventile ebenfalls axial oder radial am Zylinderkopf anzubringen.

Die axiale Anordnung ermöglicht die Ausbildung des wärmetechnisch besten Verbrennungsraumes sowie billigsten Zylinderdeckels und besitzt wegen des Fehlens jeglicher Gestängeteile gute Zugänglichkeit zu allen Ein- und Auslaßorganen bei relativ kleinster Spielverengung.

---

[1]) Bei axialem Einbau des Brennstoffventiles prallt der Brennstoffstrahl auf den Kolbenboden auf und zerstäubt, soweit es nicht schon beim Einblasen geschehen ist, in feinste Teilchen, die in alle Richtungen des Verbrennunsgraumes zurückgeschleudert werden. Junkers erzielt eine ähnliche Wirkung bei radialen Ventilen durch Erzeugung eines fächerförmigen Brennstoffstrahles.

Allerdings ist zum Antrieb der Ventile eine besondere Querwelle und ein zweites Zahnradpaar erforderlich, wobei noch die sonst aus Betriebsrücksichten meistens vermiedene Lagerung wagrechter Ventile mit in Kauf zu nehmen ist.

Die zuletzt genannten Gründe veranlassen viele Firmen, Ein- und Auslaßventile senkrecht in den Zylinderkopf einzubauen, wobei das Einlaßventil oben, das Auslaßventil unten sitzt. Der Antrieb des Einlasses erfolgt dann notwendigerweise durch Stoßstange, der des Auslasses meistens unmittelbar durch Winkelhebel. Das untenliegende Auslaßventil ist zwar schwer zugänglich, hat aber den Vorteil, daß sich im Zylinder ansammelnde Verbrennungsrückstände auf einfachstem Wege entfernen können.

Die quer zur Zylinderachse stehenden Ventile verursachen eine gußtechnisch schwierige Form des Zylinderdeckels, der meist auch nicht unerheblich länger gehalten werden muß. Desgleichen ist eine wärmewirtschaftlich einwandfreie Gestaltung des Verdichtungsraumes nur schwer durchzuführen. Da sich aber die stehenden Ein- und Auslaßventile einer großen Betriebssicherheit erfreuen und im übrigen wegen des Fehlens der Querwelle die Herstellungskosten der Maschine geringer sind, so ist die steuernde Längswelle bei Motoren kleinerer und mittlerer Zylinderleistung überwiegend anzutreffen.

Neuerdings trifft man bei liegenden Fahrzeugmotoren parallel zur Zylinderachse in seitlichen Taschen gelagerte Ventile. Diese Ausführung ist identisch der auf S. 42 besprochenen, hat aber noch den weiteren Nachteil, daß die Spindelführungen sich leicht ausschleifen und das Abdichten des Tellers in Frage stellen. Das gilt auch für solche Ventile, die im Zylinderkopf liegend angeordnet sind und durch Stoßstangen angetrieben werden.

Es zeigt sich also, daß auch bei liegenden Maschinen jede Steuerung Licht- und Schattenseiten aufweist.

V. Die dynamischen Wirkungen des Ventilhubspieles.

Um die dynamischen Wirkungen des Ventilhubspieles untersuchen zu können, ist es zunächst notwendig, die kinematischen Grundlagen der Nockensteuerung zu entwickeln. Sobald jene geklärt sind, soll eine ausgeführte Steuerung auf Geschwindigkeits-, Beschleunigungs- und Kräfteverhältnisse geprüft werden, wobei anfänglich von der gebräuchlichen Voraussetzung ausgegangen wird, daß im Steuerungsgestänge keinerlei Spiel oder „toter Gang“ vorhanden ist. Die gefundenen Werte werden dann mit denen verglichen, die sich unter dem Einfluß des im praktischen Betriebe unvermeidlichen Ventilspieles ergeben.

a) Analyse des Getriebes einer Nockensteuerung.

Nocken sind unrunde Steuerscheiben, auf deren zu ihrer Bohrung konzentrischem Umfang ein Höcker oder Daumen sitzt, der beim Drehen um das Wellenmittel die Hubbewegung des Steuervorganges bewirkt. Das Profil des Daumens besteht in der Regel aus mehreren Kreisbögen, die entweder unmittelbar tangential zusammenstoßen oder durch gerade Flanken miteinander verbunden sind. Eine auf dem Nockenumfang laufende Rolle überträgt die Hubbewegung des Daumens auf das Steuergestänge, wobei sie sowohl in einem Stößel auf einer Geraden, als auch

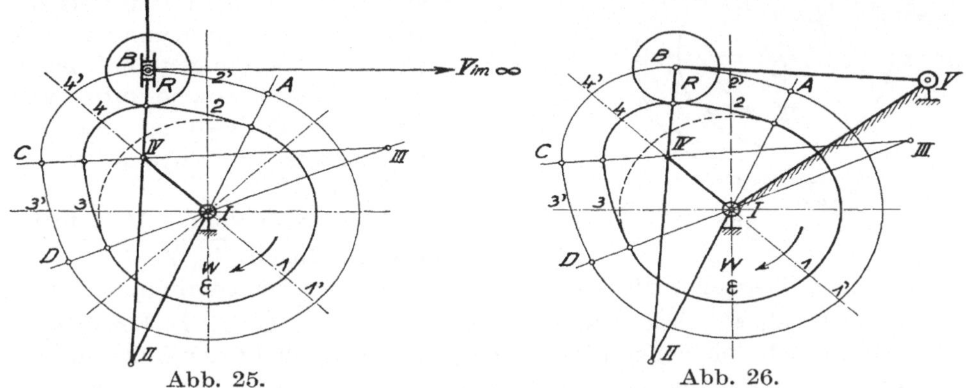

Abb. 25. Abb. 26.

in einem Lenker (Schwinge) auf einem Kreisbogen geführt werden kann. Letztere Art findet man durchwegs bei ortsfesten Maschinen, während bei Fahr- und Flugzeugmotoren beide Anordnungen anzutreffen sind.

Die Hubbewegung des Nockens beginnt, wenn die Rolle den zur Bohrung konzentrischen Kreis, untere Rast oder Ruhekreis genannt, verläßt. Solange sich hierbei die Rolle vom Ruhekreis entfernt (anläuft), findet Eröffnung, wenn sie sich ihm wieder nähert (abläuft), Schließen des Steuerorganes statt. Ist zwischen Anlauf- und Ablaufkurve ein zur Bohrung konzentrisches Kreisstück (obere Rast) eingeschaltet, so geht Eröffnen und Schließen nicht unmittelbar ineinander über, sondern das Ventil bleibt, während sich die Rolle auf der oberen Rast befindet, in voller Eröffnung in Ruhe.

Für die kinematische Untersuchung einer Nockensteuerung ist es zweckmäßig, diese durch ein Kurbelgetriebe zu ersetzen und hiervon die Bewegungsverhältnisse abzuleiten[1]). Je nach der Formgebung des Nockens und der Führung der Rolle ist es hierbei notwendig, das Kurbelgetriebe als Gelenkviereck, Schubkurbel oder rotierende Kurbelschleife auszubilden.

---

[1]) Hartmann: Die Bewegungsverhältnisse von Steuergetrieben mit unrunden Scheiben. Z. d. V. d. I. 1905.

In Abb. 25 und 26 setzt sich das Profil des Nockens, auch Hub- oder Nockenkurve genannt, aus den Kreisbögen $\widehat{1}$ um I, $\widehat{2}$ um II, $\widehat{3}$ um III und $\widehat{4}$ um IV zusammen. Bei der Drehung des Nockens um *I* durchläuft der Rollenmittelpunkt *R* relativ zur Hubkurve eine Äquidistante im Abstand des Rollenhalbmessers, die „Ventil- oder Rollenerhebungskurve" genannt wird. Man kann sich vorstellen, daß auf dieser eine unendlich kleine Rolle läuft oder Schneide gleitet und so die wirkliche Nockenkurve und -rolle in ihren Bewegungsverhältnissen ersetzt. Durch solche Auffassung wird die Darstellung der Bewegungsvorgänge wesentlich erleichtert.

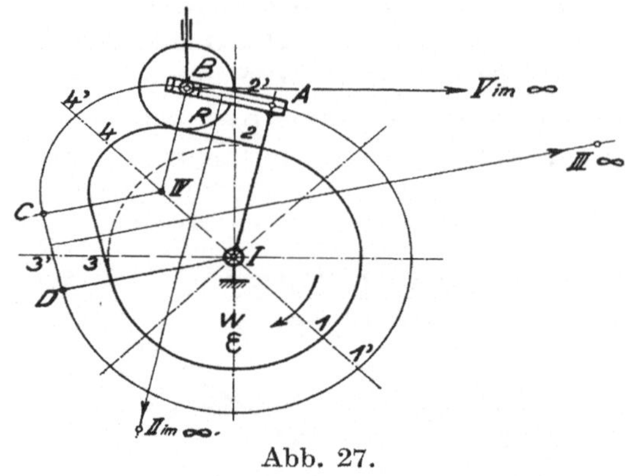

Abb. 27.

Entsprechend den Abschnittsbezeichnungen $\widehat{1}$, $\widehat{2}$, $\widehat{3}$, $\widehat{4}$ des Nockenprofiles seien die korrespondierenden der Ventilerhebungskurve mit $\widehat{1'}$, $\widehat{2'}$, $\widehat{3'}$, $\widehat{4'}$, ihre Übergangspunkte mit *A*, *B*, *C*, *D* bezeichnet.

Dreht sich der Nocken im Uhrzeigersinne, so bleibt der Rollenmittelpunkt *R*, solange er sich auf dem Kreisbogen $\widehat{2'}$ von *A* bis *B* bewegt, im gleichen Abstande vom Krümmungsmittelpunkt *II*, der die Drehbewegung des Nockens mitmacht. Dieselbe Bewegung von *R* erhält man, wenn in Abb. 25 an Stelle des Nockens das Schubkurbelgetriebe *I II R*, in Abb. 26 das Gelenkviereck *I*, *II*, *R*, *V* gesetzt wird.

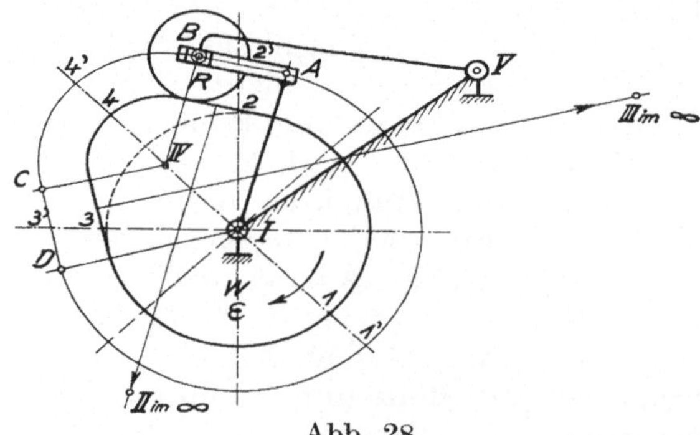

Abb. 28.

Im Abschnitt *B*—*C* behält *R* gleichen Abstand zu *IV*. Der Nocken kann somit durch das Schubkurbelgetriebe *I*, *IV*, *R* (Abb. 25) oder Gelenkviereck *I*, *IV*, *R*, *V* ersetzt werden (Abb. 26).

Abschnitt *C*—*D* ist das Spiegelbild zu *A*—*B*. Der Ersatz des Nockens ist mithin ebenfalls durch ein Schubkurbelgetriebe oder Gelenkviereck möglich.

Setzt sich die Nockenkurve nicht aus Kreisbögen, sondern aus Kurven mit veränderlicher Krümmung zusammen, so ist der jeweilige Krümmungsradius der Hubkurve für die einzelnen Punkte zu bestimmen und wie oben das entsprechende Ersatzgetriebe herauszugreifen.

Ist der Weg des Rollenmittelpunktes relativ zum Nocken eine Gerade, so wird der Krümmungsradius unendlich lang und die vorliegende Konstruktion versagt. Man ersetzt dann das geradlinige Stück der Hubkurve durch eine rotierende Kurbelschleife (Abb. 27 und 28).

b) Graphodynamische Untersuchung einer Nockensteuerung.

1. Untersuchung des Gelenkviereckes (Einkurbelgetriebes).

α) Entwicklung des Verfahrens.

Führung der Rolle auf einer Geraden ist im stationären Motorenbau nicht gebräuchlich, hingegen bei Fahrzeugmaschinen öfters anzutreffen; trotzdem sind fast alle bisher veröffentlichten kinematischen Untersuchungen diesem Falle zugrunde gelegt[1]). Mit Rücksicht hierauf sei im folgenden nur die Nockensteuerung mit Führung der Rolle auf einem Kreisbogen vermittels Lenkers oder Schwinge weiteren Betrachtungen unterzogen.

Zu diesem Zwecke wird ein Verfahren angewendet, das sich an die Vorlesung über Kinematik von Prof. Lynen, München, anlehnt und meines Wissens in der Literatur erstmalig in einer Abhandlung O. Maders[2]) zu finden ist. Da in bisherigen Veröffentlichungen die Untersuchung einer Nockensteuerung nach diesem Verfahren noch nicht vorliegt, sei davon Gebrauch gemacht.

In den folgenden Entwicklungen bedeuten:

o———➤ = Teilgeschwindigkeit,
o- - -➤➤ = Gesamtgeschwindigkeit,
o- - - -▷ = Teilbeschleunigung,
o— - ▷▷ = Gesamtbeschleunigung,
+➤ = geometrisches Additionszeichen,
—➤ = geometrisches Subtraktionszeichen,
I, *II* . . = feste Gelenke,
A, *B* . . = bewegliche Gelenke,
1, *2* . . . = Stangen (Zylinder, Ketten),
w . . . . = Winkelgeschwindigkeit $= \frac{\pi n}{30}$ sek^{-1},

---

[1]) Hartmann: Bewegungsverhältnisse von Steuergetrieben mit unrunden Scheiben. Z. d. V. d. I. 1905. — Heller: Über die Formgebung von Steuernocken. Ölmotor 1912. — Huber, F.: Erschütterungen schwerer Fahrzeugmotoren. München 1920. — Praetorius u. Dinslage: Betrachtungen über Nockenformen. Motorwagen 1910. — Schimpf, Betrachtungen über Nockenformen. Motorwagen 1910.

[2]) Mader, O.: Konstruktion der Ventilbeschleunigungen bei Füllungsänderungen. Dinglers Polytechn. Journal 1911.

ε . . . . = Winkelbeschleunigung in sek^{-2},
$v_A = \overline{A A_v}$ = Gesamtgeschwindigkeit des Punktes A nach Größe und Richtung in m/sek,
$v_{A \text{ um } I}$ = Geschwindigkeit des Punktes A bei seiner Drehung um I,
$v_{A \text{ mit } 1}$ = Geschwindigkeit des Punktes A bei seiner Drehung mit Stange 1 (Führungsgeschwindigkeit),
$v_{A \text{ auf } 1}$ = Geschwindigkeit des Punktes A bei seiner Bewegung auf Stange 1 (Relativgeschwindigkeit),
$v_{A \ldots 2}$ = Geschwindigkeit des Punktes A als Punkt der Stange 2,
$b_A = \overline{A A_b}$ = Gesamtbeschleunigung des Punktes A nach Größe und Richtung in m/sek^2,
$b_{A \text{ um } I}$ = Beschleunigung des Punktes A bei seiner Drehung um I,
$b_{A \text{ mit } 1}$ = Beschleunigung des Punktes A bei seiner Drehung mit Stange 1 (Führungsbeschleunigung),
$b_{A \text{ auf } 1}$ = Beschleunigung des Punktes A bei seiner Bewegung auf Stange 1 (Relativbeschleunigung),
$b_{A \ldots 2}$ = Beschleunigung des Punktes A als Punkt der Stange 2,
$n_A = \overline{A A_n}$ = Normalbeschleunigung } des Punktes A.
$t_A = \overline{A A_t}$ = Tangentialbeschleunigung } des Punktes A.

Geschwindigkeiten und Beschleunigungen sind Vektoren, deren Richtungssinn durch die Pfeil- oder Dreieckspitze bezeichnet wird, wäh-

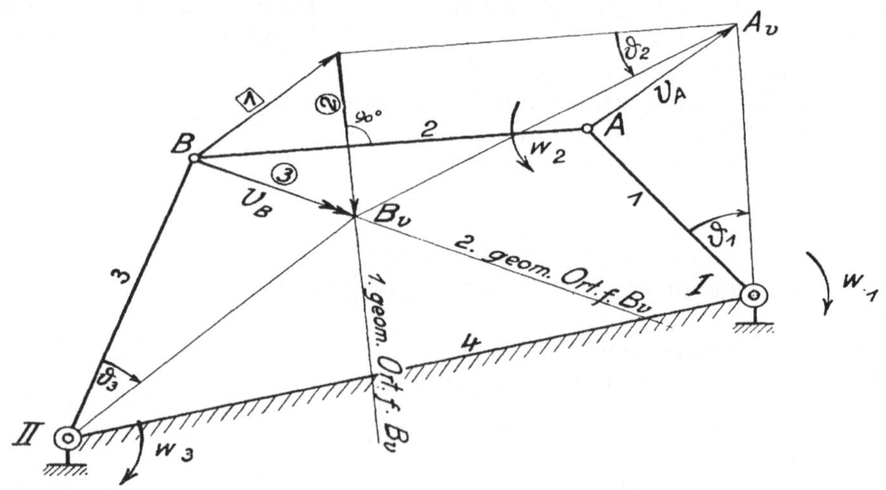

Abb. 29.

rend ihre Länge die Größe der Geschwindigkeit oder Beschleunigung in einem gewissen Maßstabe wiedergibt.

Sind Größe und Richtung der Vektoren bekannt oder sofort bestimmbar, so sei ihre Zahlenbezeichnung durch ein Rechteck eingefaßt, z. B. $\boxed{2}$; wenn nur die Richtung bekannt ist, durch einen Kreis, z. B. ①.

Abb. 29 zeigt ein Gelenkviereck (ebenes Kurbelviereck), wie es nach Abb. 25 und 26 als Ersatzgetriebe des Nockens grundsätzlich an Stellen mit endlichen Krümmungsradien Verwendung finden kann. Man nennt

1 die Kurbel,
2 die Koppel,
3 die Schwinge,
4 das Gestell oder den Steg.

β) Bestimmung der Geschwindigkeiten (Abb. 29).

Gegeben ist die als unveränderlich vorausgesetzte Winkelgeschwindigkeit w_1 der Kurbel *1*. Gesucht die Winkelgeschwindigkeit w_3 der Schwinge *3*, oder die Geschwindigkeit v_B des Punktes B.

Die Geschwindigkeit des Punktes A ist

$$v_A = \overline{A A_v} = v_{A \text{ mit } 1} = v_{A \text{ um } I} = \overline{IA} \cdot w_1 = \overline{IA} \cdot \operatorname{tg} \vartheta_1 = \boxed{1};$$

$\dfrac{\overline{AA_v}}{\overline{IA}} = \operatorname{tg} \vartheta_1$. Ihre Richtung steht senkrecht auf $\overline{IA}$.

Die Geschwindigkeit des Punktes B ist gleich der Geschwindigkeit des Punktes A der Stange *1* $+\!\!>$ der Geschwindigkeit, mit der sich B als Punkt der Stange *2* um Punkt A dreht. Man kann also die Bewegung der Koppel *2* als eine Parallelverschiebung mit der Geschwindigkeit v_A bei einer gleichzeitigen Drehung um A mit einer vorerst unbekannten Winkelgeschwindigkeit w_2 auffassen. Damit ist:

$$\begin{aligned} v_{B \ldots\ldots 2} &= v_A +\!\!> v_{B \text{ um } A} = v_A +\!\!> \overline{AB} \cdot w_2 = v_A +\!\!> \overline{AB} \cdot \operatorname{tg} \vartheta_2 \\ &= \boxed{1} +\!\!> ②. \end{aligned}$$

v_A ist bekannt nach Größe und Richtung, $v_{B \text{ um } A}$ nur nach Richtung, die senkrecht auf $\overline{AB}$ steht. Diese Richtungslinie ist der erste geometrische Ort für B_v.

Punkt B gehört aber auch der Schwinge *3* an und hat als solcher eine Geschwindigkeit $v_{B \ldots 3} = v_{B \text{ mit } 3} = v_{B \text{ um } II} = \overline{II\,B} \cdot w_3 = \overline{II\,B} \cdot \operatorname{tg} \vartheta_3$. Bekannt ist nur die Richtung, senkrecht auf $\overline{II\,B}$, die den zweiten geometrischen Ort für B_v darstellt. Der Schnittpunkt der beiden geometrischen Örter liefert die Geschwindigkeit $v_B = \overline{BB_v} =$ ③ nach Größe und Richtung. Damit ist auch die Größe der Geschwindigkeitskomponente $\overline{AB} \cdot w_2$, sowie w_2 gefunden. Verbindet man B_v mit II, so erhält man den Winkel ϑ_3 und aus ihm die Winkelgeschwindigkeit w_3, mit der sich die Schwinge *3* um II dreht. Ein Vergleich von Abb. 29 mit Abb. 26 zeigt, daß somit die Geschwindigkeit der Nockenrolle bestimmt ist.

γ) Bestimmung der Beschleunigungen (Abb. 30).

Es sei zunächst, vorbehaltlich einer späteren Berichtigung, angenommen, daß sich die Kurbel *1* mit gleichförmiger Winkelgeschwindigkeit um *I* dreht. Folglich ist die Winkelbeschleunigung $\varepsilon = 0$ und Kurbel *1* erfährt eine reine Normalbeschleunigung. Die Beschleunigung von A als Punkt der Stange *1* ist deshalb $b_{A \text{ mit } 1} = b_{A \text{ um } I} = n_{A \text{ um } I} = \overline{IA} \cdot w_1^2$. Ihre Richtung zeigt auf Drehpunkt *I*; ihre Größe läßt sich zeichnerisch finden, indem man im Endpunkt A_v der Geschwindigkeit v_A eine Senkrechte auf die Verbindungslinie $\overline{IA_v}$ errichtet, die auf der Verlängerung von $\overline{IA}$ die Strecke $\overline{IA} \cdot w_1^2$ abschneidet. Es ist nämlich

$$\overline{AA_v}^2 = \overline{Aa} \cdot \overline{IA}, \text{ oder}$$

$$\overline{Aa} = \frac{\overline{AA_v}^2}{\overline{IA}} = \frac{\overline{IA}^2 \cdot w_1^2}{\overline{IA}} = \overline{IA} \cdot w_1^2 .$$

Zur lagerichtigen Darstellung ist die so gefundene Strecke $(-n_{A \text{ um } I})$ von A aus gegen I hin abzutragen, wodurch $b_A = b_{A \text{ mit } 1} = \overline{AA_b} = n_{A \text{ um } I}$ vollständig bestimmt ist.

Zur Ermittlung der Beschleunigung b_B des Punktes B sei dieser zunächst wieder als zur Koppel *2* gehörig betrachtet.

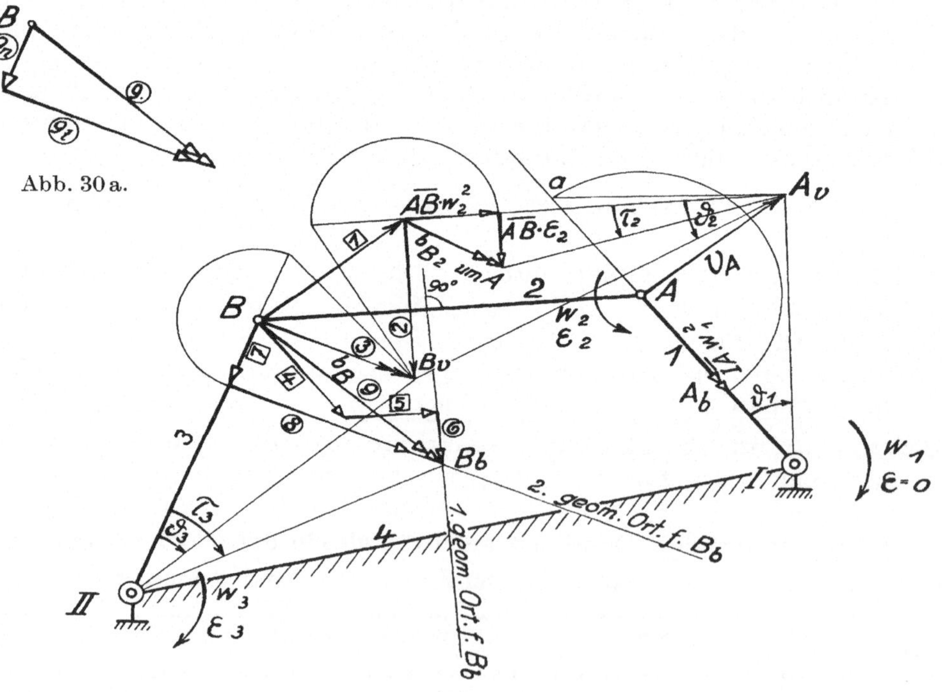

Abb. 30a.

Abb. 30.

Dann ist $b_{B\,..\,2} = b_{A\,..\,2} +\!\!\!\to b_{B\,..\,2\text{ um }A}$

$$= b_A +\!\!\!\to n_{B\text{ um }A} +\!\!\!\to t_{B\text{ um }A}$$

$$= b_A +\!\!\!\to \overline{BA}\cdot w_2^2 +\!\!\!\to \overline{BA}\cdot \varepsilon_2 = b_A +\!\!\!\to \overline{BA}\cdot w_2^2 +\!\!\!\to \overline{BA}\cdot \operatorname{tg}\tau_2$$

$$= \boxed{4} +\!\!\!\to \boxed{5} +\!\!\!\to \textcircled{6}\,.$$

In dieser Gleichung ist bekannt: b_A nach Größe und Richtung, $\overline{BA}\cdot w_2^2$ ebenfalls nach Größe und Richtung, da $\overline{BA}\cdot w_2$ bereits gefunden ist und mithin wie n_A konstruiert werden kann; ferner die Richtung von $\overline{BA}\cdot \varepsilon_2 = t_{B\text{ um }A}$, die senkrecht $\overline{AB}$ steht (1. geometrischer Ort für B_b).

Nun ist B auch ein Punkt der Schwinge *3* und hat als solcher eine Beschleunigung

$$b_{B\,..\,3} = b_{II\,..\,3} +\!\!\!\to b_{B\,..\,3\text{ um }II};$$

da aber II ein fester Punkt ist, ist $b_{II\,..\,3} = 0$ und folglich

$$b_{B\,..\,3} = b_{B\,..\,3\text{ um }II} = n_{B\text{ um }II} +\!\!\!\to t_{B\text{ um }II}$$

$$= \overline{IIB}\cdot w_3^2 +\!\!\!\to \overline{IIB}\cdot \varepsilon_3 = \overline{IIB}\cdot w_3^2 +\!\!\!\to \overline{IIB}\cdot tg\,\tau_3 = \boxed{} +\!\!\!\to \textcircled{8}$$

Von $\overline{IIB}\cdot w_3^2$ ist Größe und Richtung bekannt, da v_B bereits ermittelt ist; von $\overline{IIB}\cdot \varepsilon_3$ nur die Richtung, senkrecht $\overline{IIB}$ (2. geometrischer Ort für B_b). Der Schnittpunkt der beiden geometrischen Örter liefert den Endpunkt B_b der Gesamtbeschleunigung $b_B = \textcircled{9}$. Dadurch sind auch die Winkelbeschleunigungen $\varepsilon_3 = \operatorname{tg}\tau_3$ und $\varepsilon_2 = tg\,\tau_2$ bestimmt.

δ) Kräfte.

Die resultierende Massenkraft P, entgegengesetzt gerichtet der Gesamtbeschleunigung b, läßt sich aus der dynamischen Grundgleichung des materiellen Punktes

$$d\,P = d\,M\cdot b$$

durch Integration errechnen. Im vorliegenden Falle interessieren nur die Verhältnisse des Ventiles, in welchem vorderhand die Masse M vereinigt gedacht sei. Da die Massenkraft P nur in Richtung der Schwinge *3* und senkrecht hierzu in Richtung der Steuerstange wirken kann, so sei sie in die beiden Komponenten

$$P_n = -\,\textcircled{9_n}\cdot M\,,$$

$$P_t = -\,\textcircled{9_t}\cdot M$$

zerlegt (Abb. 30a).

P_n beansprucht die Schwinge *3* auf Zug und verursacht im Zapfen II Lagerdruck (Pressung).

P_t wirkt auf das Ventil und das Ventilgestänge.

2. Untersuchung der rotierenden Kurbelschleife. (Abb. 31.)

Gegeben die gleichförmig vorausgesetzte Winkelgeschwindigkeit w_1 der Schleifkurbel *1*; gesucht die Bewegungsverhältnisse der Kurbel (Schwinge, Lenker) *3* und des Gleitstückes *2*.

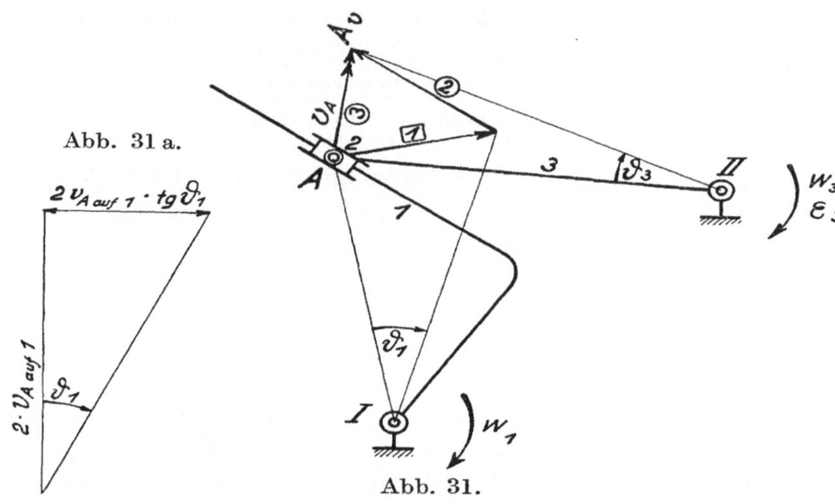

Abb. 31.

α) Bestimmung der Geschwindigkeiten (Abb. 31).

Punkt A kann aufgefaßt werden als Punkt der Schleifkurbel *1* und des Gleitstückes *2*. Seine Geschwindigkeit als Punkt des Gleitstückes *2* ist

$$v_{A..2} = v_{A\,\text{mit}\,1} \mapsto v_{A\,\text{auf}\,1} = \boxed{1} \mapsto \textcircled{2}\,.$$

$v_{A\,\text{mit}\,I}$ ist die Geschwindigkeit, mit welcher das Gleitstück von der sich um *I* drehenden Schleifkurbel *1* mitgenommen wird. Ihre Richtung steht senkrecht auf $\overline{IA}$; ihre Größe ist

$$v_{A\,\text{mit}\,1} = v_{A\,\text{um}\,I} = \overline{IA} \cdot w_1 = \overline{IA} \cdot \text{tg}\,\vartheta_1 = \boxed{1}\,.$$

$v_{A\,\text{auf}\,I}$ ist die Geschwindigkeit des Gleitstückes gegenüber der Schleifkurbel; sie fällt in die augenblickliche Richtung der Geradführung (1. geometrischer Ort für A_v).

Punkt A gehört aber auch zur Schwinge *3* und hat als solcher eine Geschwindigkeit

$$v_{A\,...3} = v_{A\,\text{mit}\,3} = v_{A\,\text{um}\,II} = \overline{IIA} \cdot w_3 = \overline{IIA} \cdot \text{tg}\,\vartheta_3 = \textcircled{3}\,.$$

Bekannt ist nur die Richtung, senkrecht auf $\overline{IIA}$ (2. geometrischer Ort für A_v). Der Schnittpunkt der beiden geometrischen Örter liefert A_v, wodurch $v_A = \overline{AA_v} = \textcircled{3}$ nach Größe und Richtung gefunden ist. Dadurch ist auch $\textcircled{2}$ und w_3 ermittelt.

β) Bestimmung der Beschleunigungen (Abb. 32).

Die Beschleunigung des Punktes A setzt sich zusammen aus:

der Beschleunigung von A als Punkt der Schleifkurbel $1 = b_{A\,\text{mit}\,1}$;

der Relativbeschleunigung von A gegenüber Schleifkurbel $1 = b_{A\,\text{auf}\,1}$;

der Coriolisbeschleunigung: $2 \cdot v_{A\,\text{auf}\,1} \cdot w_1$ = dem doppelten äußeren Produkt aus der Relativgeschwindigkeit $v_{A\,\text{auf}\,1}$ und der Winkelgeschwindigkeit w_1.

$b_{A\,\text{mit}\,1}$ ist eine reine Normalbeschleunigung, da die Winkelgeschwindigkeit w_1 nach Voraussetzung gleichförmig sein soll. Folglich ist

$$b_{A\,\cdots\,1} = b_{A\,\text{mit}\,1} = b_{A\,\text{um}\,I} = n_{A\,\text{um}\,I} = \overline{IA} \cdot w_1^2 = \boxed{4}\,.$$

Ihre Richtung zeigt auf Drehpunkt I; ihre Größe bestimmt sich nach den Angaben auf S. 76.

Von der Relativbeschleunigung $b_{A\,\text{auf}\,1}$ ist zunächst nur die Richtung (tangential an die Bahn des Schleifstückes) bekannt.

Die Coriolisbeschleunigung $2 \cdot v_{A\,\text{auf}\,1} \cdot w_1$ hingegen ist sofort bestimmbar.

Ihre Größe ist

$$2 \cdot v_{A\,\text{auf}\,1} \cdot w_1 = 2 \cdot v_{A\,\text{auf}\,1} \cdot \operatorname{tg} \vartheta_1 = \boxed{5}\,.$$

Die Richtung steht senkrecht auf der Relativgeschwindigkeit $v_{A\,\text{auf}\,1}$ und zwar nach der Seite hin, nach welcher $v_{A\,\text{auf}\,1}$ bei seiner Drehung um 90° im Sinne von w_1 zeigen würde.

Zieht man nun durch den Endpunkt der Coriolisbeschleunigung die Richtungslinie der Relativbeschleunigung $b_{A\,\text{auf}\,1} = ⑥$, so ist dadurch der erste geometrische Ort für A_b gefunden.

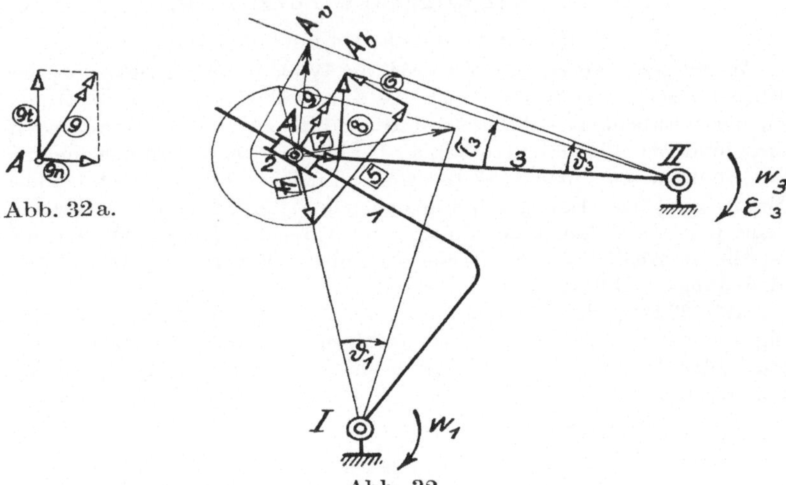

Abb. 32a.

Abb. 32.

Der zweite geometrische Ort ergibt sich aus der Zugehörigkeit des Punktes A zur Schwinge *3*. Bei der Drehung von A um II treten zwei Beschleunigungskomponenten auf:

eine Normalbeschleunigung

$$b_{A \text{ um } II} = b_{A \text{ mit } 3} = n_{A \text{ mit } 3} = \overline{IIA} \cdot w_3^2 = \boxed{7}$$

(Konstr. nach S. 76);

ferner eine Tangentialbeschleunigung

$$t_{A \text{ mit } 3} = \overline{IIA} \cdot \varepsilon_3 = \overline{IIA} \cdot \text{tg}\, \tau_3 = (8),$$

Richtung senkrecht auf $\overline{II\,B}$ (2. geometrischer Ort für A_b). Der Schnittpunkt beider geometrischen Örter ist der gesuchte Punkt A_b, wodurch sowohl die Gesamtbeschleunigung $b_A = (9)$ als auch die Gleit- (6) und Tangentialbeschleunigung (8) bestimmt ist.

γ) Kräfte.

Die Massenkraft $P = M \cdot b_A$, entgegengesetzt gerichtet der Beschleunigung b_A, kann nur in Richtung der Schwinge *3* und senkrecht hierzu wirken (Abb. 32a).

Die Komponenten seien wieder

$$P_n = -(9_n) \cdot M \quad \text{und}$$
$$P_t = -(9_t) \cdot M \quad \text{genannt.}$$

Dann beansprucht P_n die Schwinge *3* auf Zug und belastet den Drehbolzen II, während P_t Pressung zwischen Rolle und Nocken sowie im Rollenlager erzeugt.

3. Untersuchungen über den Einfluß einer veränderlichen Winkelgeschwindigkeit w_1.

α) Geschwindigkeiten (Abb. 33).

Wenn bisher angenommen wurde, die Winkelgeschwindigkeit w_1 der Kurbel *1* sei gleichförmig, so ist dies eine willkürliche Voraussetzung, die der Wirklichkeit nicht zu entsprechen braucht und sich nur dadurch entschuldigen läßt, daß man von ihr bei kinematischen Untersuchungen von Steuerungen zunächst stets Gebrauch macht. Bevor jedoch bei der Ermittlung der Bewegungsvorgänge einer ausgeführten Steuerung neuerdings diese Annahme getroffen werden soll, sei zuvor untersucht, ob die tatsächlichen, durch ein ungleichförmiges w_1 ausgelösten Bewegungsverhältnisse dies zulassen.

Abb. 33 zeigt das Einkurbelgetriebe *1, 2, 3, 4*. Die Winkelgeschwindigkeit w_1 der Kurbel *1* sei nicht gleichförmig, sondern habe sich im betrachteten Augenblick um Δw_1 vergrößert. Gesucht ist die Veränderung von w_3 und w_2.

Zur Untersuchung sei der Begriff **Momentanpol** eingeführt[1]). Denkt man sich das Gestell *4* festgehalten, so kann die Bewegung der Koppel *2* als eine einfache Drehung um den im betrachteten Zeitpunkt in Ruhe befindlichen Pol ($\mathfrak{P}_{2,4}$) des Systems *4* aufgefaßt werden.

Punkt *A* der Koppel *2* hat eine Geschwindigkeit, die sich deckt mit

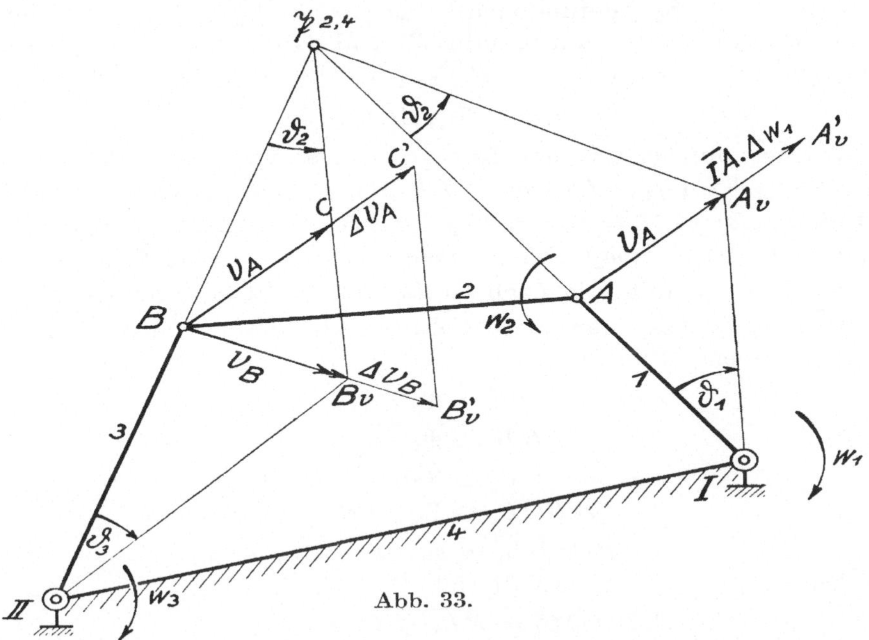

Abb. 33.

der des Punktes *A* der Kurbel *1*; ihre Richtung steht senkrecht auf $\overline{IA}$. Die Geschwindigkeit des Punktes *B* der Koppel *2* muß gleich sein der Geschwindigkeit des Punktes *B* der Schwinge *3*; Richtung senkrecht $\overline{IIB}$. Nachdem nun Stange *2* sich um den festen Pol drehen soll, die Geschwindigkeitsrichtungen der Punkte *A* und *B* bekannt sind, so ist dadurch auch die Lage des Poles $\mathfrak{P}_{2,4}$ bestimmt, indem in Punkt *A* und *B* die Senkrechten zu errichten, mit andern Worten die Stangen *1* und *3* zu verlängern sind. Der Schnittpunkt von *1* und *3* liefert den Pol $\mathfrak{P}_{2,4}$.

Vorübergehend sei angenommen, daß die Winkelgeschwindigkeit w_1 gleichförmig ist; dann ist

$$v_A = v_{A \text{ mit } 1} = v_{A \text{ um } I} = \overline{IA} \cdot w_1 = \overline{IA} \cdot \operatorname{tg} \vartheta_1$$

$$= v_{A \text{ mit } 2} = v_{A \text{ um } \mathfrak{P}_{2,4}} = \overline{\mathfrak{P}_{2,4} A} \cdot w_2 = \overline{\mathfrak{P}_{2,4} A} \cdot \operatorname{tg} \vartheta_2$$

[1]) Die Beweisführung ist auch ohne Zuhilfenahme des Momentanpoles aus der Ähnlichkeit der Geschwindigkeitsdreiecke möglich.

und die Geschwindigkeit des Punktes B

$$v_B = v_{B \text{ mit } 3} = v_{B \text{ um } II} = \overline{IIB} \cdot w_3 = \overline{IIB} \cdot \operatorname{tg} \vartheta_3 \quad .$$
$$= v_{B \text{ mit } 2} = v_{B \text{ um } \mathfrak{P}_{2,4}} = \overline{\mathfrak{P}_{2,4} B} \cdot w_2 = \overline{\mathfrak{P}_{2,4} B} \cdot \operatorname{tg} \vartheta_2 \, .$$

Man trägt den bei der Bestimmung von v_A durch Ziehen der Verbindungslinie $\overline{A_v \mathfrak{P}_{2,4}}$ gefundenen Winkel ϑ_2 an $\overline{\mathfrak{P}_{2,4} B}$ an; der Schnitt mit der Richtungslinie von v_B gibt B_v und damit ϑ_3 und w_3. Aus der Winkelgleichheit der Dreiecke $B \mathfrak{P}_{2,4} B_v$ und $A \mathfrak{P}_{2,4} A_v$ folgt

$$v_A : v_B = \overline{\mathfrak{P}_{2,4} A} : \overline{\mathfrak{P}_{2,4} B} \, .$$

Wächst nun w_1 um den Betrag Δw_1, so ist die Geschwindigkeit von $A = v_A \mathrel{+\!\!\!\!\rightarrow} \Delta v_A = \overline{IA} \cdot w_1 \mathrel{+\!\!\!\!\rightarrow} \overline{IA} \cdot \Delta w_1$, und die Geschwindigkeit des Punktes B: $v_{B\ldots 2} = v_A \mathrel{+\!\!\!\!\rightarrow} \Delta v_A \mathrel{+\!\!\!\!\rightarrow} \overline{AB} \cdot w_2 \mathrel{+\!\!\!\!\rightarrow} \overline{AB} \cdot \Delta w_2 = v_A \mathrel{+\!\!\!\!\rightarrow} \Delta v_A \mathrel{+\!\!\!\!\rightarrow} \overline{AB} \cdot (w_2 + \Delta w_2)$. Andererseits ist $v_{B\ldots 3} = \overline{IIB}\,(w_3 + \Delta w_3)$. Bekannt sind v_A und Δv_A nach Größe und Richtung; $\overline{AB}\,(w_2 + \Delta w_2)$ und $\overline{IIB}\,(w_3 + \Delta w_3)$ nur nach Richtung, die die geometrischen Örter für B'_v abgeben. Nun ist

$$\overline{BC} \perp \overline{\mathfrak{P}_{2,4} A};$$
$$\overline{BB_v} \perp \overline{\mathfrak{P}_{2,4} B};$$
$$\overline{CB_v} \perp \overline{BA}, \quad \text{folglich}$$
$$\Delta\, BCB_v \backsim \mathfrak{P}_{2,4} AB \quad \text{und deshalb}$$
$$\overline{BC} : \overline{BB_v} = v_A : v_B = \overline{\mathfrak{P}_{2,4} A} : \overline{\mathfrak{P}_{2,4} B} \, .$$

Da $CB_v \parallel C'B'_v$, so verhält sich

$$\overline{B_v B'_v} : \overline{CC'} = \overline{BB_v} : \overline{BC} =$$
$$\Delta v_B : \Delta v_A = v_B : v_A = \overline{\mathfrak{P}_{2,4} B} : \overline{\mathfrak{P}_{2,4} A} \tag{58}$$

d. h.: die Geschwindigkeitsänderung des Punktes B ist linear proportional der Geschwindigkeitsänderung des Punktes A.

β) Beschleunigungen (Abb. 34).

Für die Untersuchung der Beschleunigungsänderungen diene Abb. 34. Da die Winkelgeschwindigkeit w_1 jetzt nicht mehr gleichförmig ist, erfährt die Kurbel *1* eine Winkelbeschleunigung ε_1. Gesucht ist der Einfluß auf die Winkelbeschleunigung der Koppel *2* und Schwinge *3*.

Punkt B als Punkt der Koppel *2* hat eine Beschleunigung

$$b_{B\ldots 2} = b_{A\ldots 2} \mathrel{+\!\!\!\!\rightarrow} b_{B\ldots 2 \text{ um } A}$$
$$= b_A \mathrel{+\!\!\!\!\rightarrow} n_{B \text{ um } A} \mathrel{+\!\!\!\!\rightarrow} t_{B \text{ um } A}$$
$$= b_A \mathrel{+\!\!\!\!\rightarrow} \overline{BA} \cdot w_2^2 \mathrel{+\!\!\!\!\rightarrow} \overline{BA} \cdot \varepsilon_2$$
$$= b_A \mathrel{+\!\!\!\!\rightarrow} \overline{BA} \cdot w_2^2 \mathrel{+\!\!\!\!\rightarrow} \overline{BA} \cdot \operatorname{tg} \tau_2$$
$$= \boxed{1} \mathrel{+\!\!\!\!\rightarrow} \boxed{2} \mathrel{+\!\!\!\!\rightarrow} \textcircled{3} \, .$$

In dieser Gleichung ist b_A und $\overline{BA} \cdot w_2^2$ nach Größe und Richtung bekannt, $\overline{BA} \cdot \varepsilon_2$ nur nach Richtung (1. geometrischer Ort für B_b).

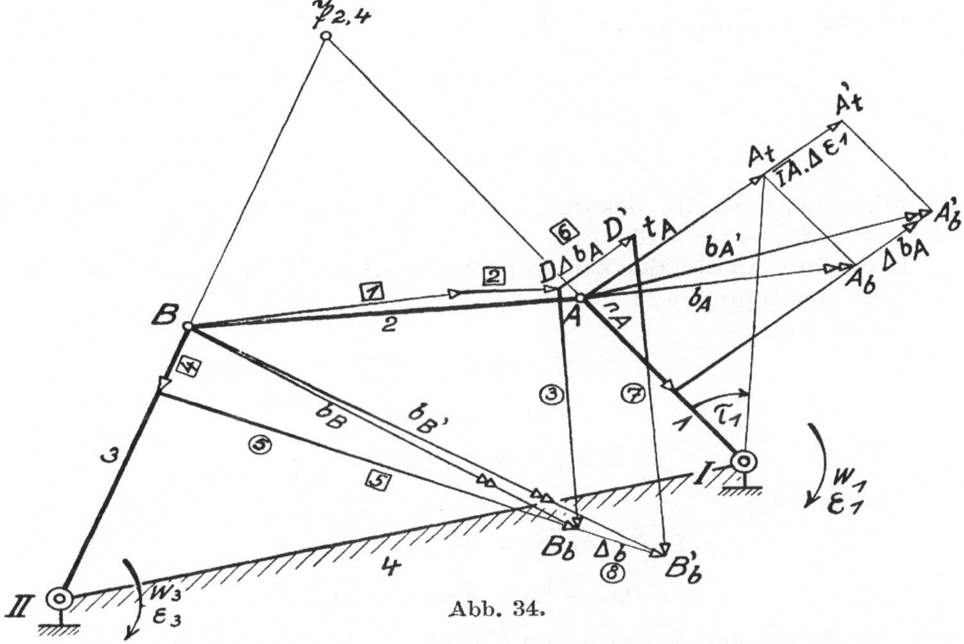

Abb. 34.

Punkt B gehört aber auch zur Schwinge *3* und hat als solcher eine Beschleunigung

$$\begin{aligned} b_{B\ldots 3} &= b_{B\ldots 3\ \text{um}\ II} = n_{B\ \text{um}\ II} \mathbin{+\!\!\rightarrow} t_{B\ \text{um}\ II} \\ &= \overline{IIB} \cdot w_3^2 \mathbin{+\!\!\rightarrow} \overline{IIB} \cdot \varepsilon_3 \\ &= \overline{IIB} \cdot w_3^2 \mathbin{+\!\!\rightarrow} \overline{IIB} \cdot \operatorname{tg} \tau_3 = \boxed{4} \mathbin{+\!\!\rightarrow} (5)\,. \end{aligned}$$

n_B ist wieder nach Größe und Richtung, t_B nur nach Richtung bekannt (2. geometrischer Ort für B_b). Der Schnittpunkt der beiden geometrischen Örter liefert den Endpunkt B_b der Beschleunigung b_B.

Wächst nun ε_1 um den Wert $\Delta \varepsilon_1$, so ist die Tangentialbeschleunigung von Punkt A

$$\begin{aligned} t_{A'} &= t_A \mathbin{+\!\!\rightarrow} \Delta b_A \\ &= \overline{IA} \cdot \varepsilon_1 \mathbin{+\!\!\rightarrow} \overline{IA} \cdot \Delta \varepsilon_1 \end{aligned}$$

Die Beschleunigung von B als Punkt der Koppel *2* ist nun

$$\begin{aligned} b_{B'\ldots 2} &= b_A \mathbin{+\!\!\rightarrow} \Delta b_A \mathbin{+\!\!\rightarrow} \overline{BA} \cdot w_2^2 \mathbin{+\!\!\rightarrow} \overline{BA} \cdot \varepsilon_2 \mathbin{+\!\!\rightarrow} \overline{BA} \cdot \Delta \varepsilon_2 \\ &= b_A \mathbin{+\!\!\rightarrow} \overline{BA} \cdot w_2^2 \mathbin{+\!\!\rightarrow} \Delta b_A \mathbin{+\!\!\rightarrow} \overline{BA}\,(\varepsilon_2 + \Delta \varepsilon_2) \\ &= \boxed{1} \mathbin{+\!\!\rightarrow} \boxed{2} \mathbin{+\!\!\rightarrow} \boxed{6} \mathbin{+\!\!\rightarrow} (7)\,. \end{aligned}$$

b_A und $\overline{BA} \cdot w_2^2$ ist von früher bekannt, Δb_A ebenfalls nach Größe und Richtung, $\overline{BA}\,(\varepsilon_2 + \Delta \varepsilon_2)$ nur nach Richtung (1. geometrischer Ort für B_b').

Die Beschleunigung von B als Punkt der Schwinge *3* ist

$$\begin{aligned} b_{B\ldots 3} &= \overline{IIB} \cdot w_3^2 \mathrel{+\!\!\succ} \overline{IIB} \cdot \varepsilon_3 \mathrel{+\!\!\succ} \overline{IIB} \cdot \Delta \varepsilon_3 \\ &= n_B \mathrel{+\!\!\succ} t_B \mathrel{+\!\!\succ} \Delta b_B \\ &= \boxed{4} \mathrel{+\!\!\succ} \boxed{5} \mathrel{+\!\!\succ} \textcircled{8}\,. \end{aligned}$$

n_B und t_B sind bereits bekannt; von Δb_B kennt man nur die Richtung (2. geometrischer Ort für B_b').

Der Schnittpunkt der beiden geometrischen Örter ist der Endpunkt der Beschleunigung von B.

Es ist nun

$$\begin{aligned} \overline{DB_b} &\parallel \overline{D'B_b'} \perp \overline{BA} \\ \overline{DD'} &\parallel \overline{AA_t} \perp \overline{\mathfrak{P}_{2,4} I} \\ \overline{B_b B_b'} &\perp \overline{\mathfrak{P}_{2,4} II}\,. \end{aligned}$$

Daraus folgt

$$\begin{aligned} D'D : \overline{B_b B_b'} &= \overline{\mathfrak{P}_{2,4} A} : \overline{\mathfrak{P}_{2,4} B} \\ = \Delta b_A : \Delta b_B &= \overline{\mathfrak{P}_{2,4} A} : \overline{\mathfrak{P}_{2,4} B} \end{aligned}$$

und mit Rücksicht auf Gleichung (58)

$$\Delta b_A : \Delta b_B = \Delta v_A : \Delta v_B = v_A : v_B\,. \tag{59}$$

Zwischen Beschleunigungs- und Geschwindigkeitsänderungen besteht also ein lineares, direkt proportionales Abhängigkeitsverhältnis, dessen absolute Zahlengröße bei ein und derselben Getriebestellung ($v_A : v_B$) von der Wertgröße Δv_A bedingt ist. Δv_A ist aber eine Funktion des Ungleichförmigkeitsgrades δ_1 der Maschine. Nimmt man ungünstigenfalls ein $\delta = \frac{1}{30}$ (Ungleichförmigkeitsgrad für gewerbliche Betriebe), so ist für die Kurbelwelle und Nockenwelle $\delta = \frac{w_{\text{max}} - w_{\text{min}}}{w_{\text{mittel}}} = 0{,}033$ und sinngemäß die Geschwindigkeitsänderung von $v_A = 3{,}3\%$.

Der durch Vernachlässigung dieser Größe entstehende Fehler ist im Vergleich zu den Erscheinungen, die das später zu untersuchende Ventilhubspiel mit sich bringt, bedeutungslos. Da überdies die größte Anzahl der Verbrennungsmaschinen ein kleineres δ besitzt als das erwähnte, so kann die Voraussetzung einer gleichförmigen Drehung der Nockenwelle mit großer Annäherung an die Wirklichkeit beibehalten werden.

Untersuchung einer von der Güldner-Motoren-Gesellschaft Aschaffenburg ausgeführten Nockensteuerung.

1. Versuchswerte ohne Ventilhubspiel.

Abb. 35 zeigt eine Zusammenstellung der bereits früher beschriebenen Steuerungsbauart der Güldner-Motoren-Gesellschaft Aschaffenburg, die Einlaß- oder Auslaßsteuerung eines 65-PS_e-Ölmotors ($D = 365$, $S = 580$, $n = 190$) darstellend.

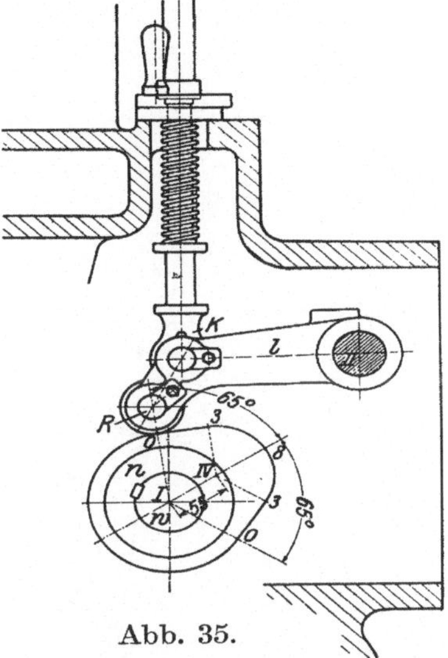

Abb. 35.

Auf der Nockenwelle w ist der Nocken n aufgekeilt; der geknickte Lenker l trägt die Rolle R und den unteren Steuerstangenkopf K. Der obere Steuerstangenkopf, der durch die Stoßstange angetrieben wird, greift in den im Ventilgehäuse gelagerten gleicharmigen Ventilhebel, dessen Stellschraube auf die Ventilspindel arbeitet. Der bei der Drehung des Hebels auftretende kleine Pfeil kann, ohne die Genauigkeit des Ergebnisses zu beeinträchtigen, vernachlässigt werden; der Weg von K stellt alsdann den Ventilhub vor.

Die Stellung des Steuerdaumens ist so gewählt, daß die Rolle gerade auf dem Übergangspunkt zwischen Ruhekreis und Ablaufkurve steht. Wenn man den Nocken um den vom unteren Ruhekreis eingeschlossenen Winkel weiterdreht, beginnt die Bewegung des Steuergestänges und die Ventileröffnung, die im Punkte 8 beendet ist.

Auf der anschließenden Ablaufkurve findet die Schlußbewegung des Steuerorganes statt.

Nach dem angegebenen Verfahren wurden nun Ventilwege-, -Geschwindigkeiten und -Beschleunigungen ermittelt (Abb. 36 und 37). Hierbei mußte berücksichtigt werden, daß Rolle R und Steuerstangenkopf K getrennt auf dem geknickten Lenker l liegen, wodurch die Bewegungsvorgänge des Ventiles von denen der Rolle abweichen.

Kinematisch handelt es sich bei der Beurteilung des Einflusses der Lenkerbauart um die geknickte Stange $R\,K\,II$, die sich um den festen Punkt II dreht und deren Punkt R hinsichtlich seiner Bewegungsverhältnisse bekannt ist, während die des Punktes K zu ermitteln sind.

In Abb. 38 ist die Stange $R\,K\,II$ aufgezeichnet. Die Wege sämtlicher Stangenpunkte sind Kreisbögen, die aus dem Drehpunkt II

heraus beschrieben werden, und die direkt proportional ihrem Abstand vom Drehpunkt sind.

Zur Bestimmung der Rollenhübe (Wege von R) wählt man auf der Ventilerhebungskurve mehrere Punkte und schlägt mit ihrem Abstand

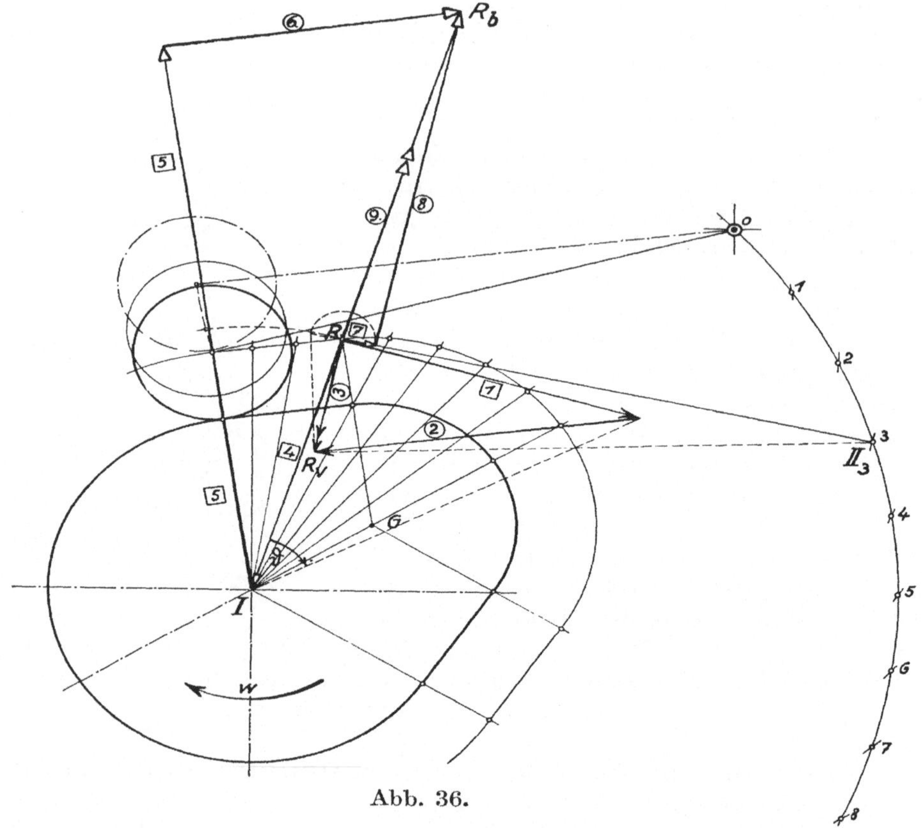

Abb. 36.

vom Nockenwellenmittel um dieses die zugehörigen Kreise bis zum Schnitt mit dem Kreisbogen, dessen Radius Lenker l und dessen Drehpunkt O ist (Abb. 36 und 37). Die Schnittpunkte stellen die den einzelnen Punkten der Ventilerhebungskurve entsprechenden neuen Lagen des Rollenmittels dar.

Sind dadurch die Wege von R bekannt, so finden sich durch einfache Dreieckskonstruktion auch die Wege des unteren Stangenkopfes K. Aus ihrer Projektion auf die mittlere Führungsrichtung der Stoßstange ergeben sich die Ventilhübe.

Die Geschwindigkeit v_R des Punktes R ist nach Größe und Richtung durch das früher entwickelte Verfahren bekannt.

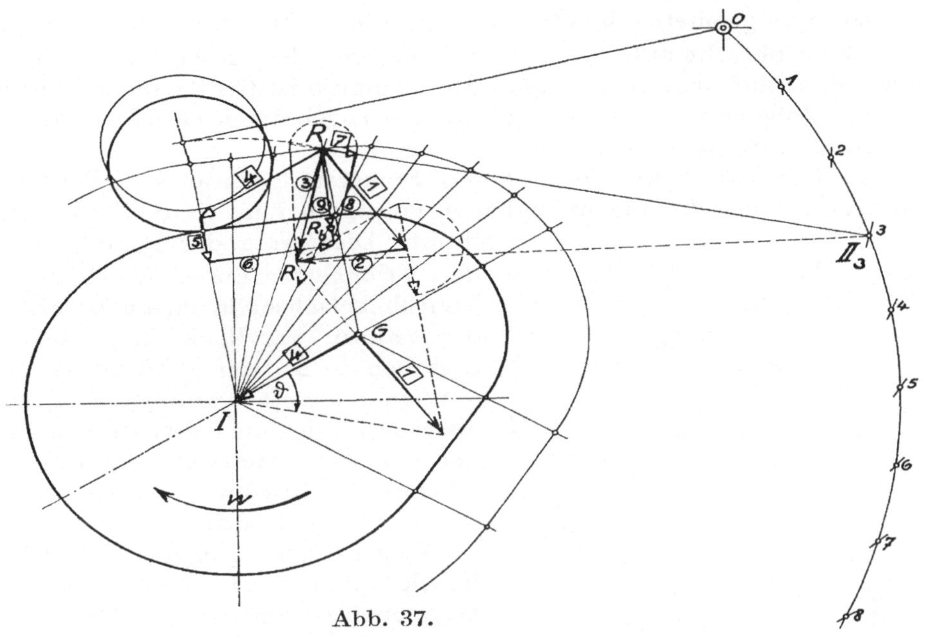

Abb. 37.

Auf Grund von Abb. 39 ist dann:

$$\overline{R\,R_v} = v_R = \overline{II\,R} \cdot w_3 = \overline{II\,R}\,\mathrm{tg}\,\vartheta_3$$

$$\frac{\overline{R\,R_v}}{\overline{II\,R}} = \mathrm{tg}\,\vartheta_3$$

$$\overline{K\,Kv} = v_K = \overline{II\,K} \cdot w_3 = \overline{II\,K} \cdot \mathrm{tg}\,\vartheta_3\,.$$

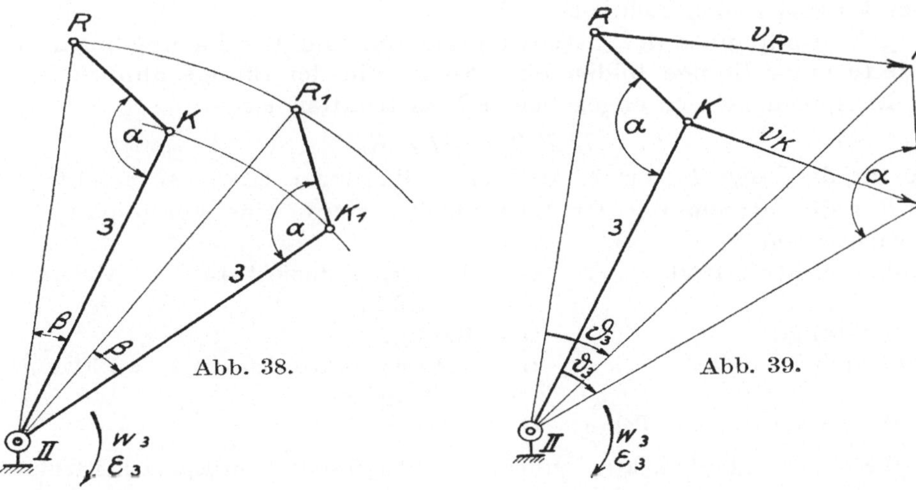

Abb. 38. Abb. 39.

Der erste geometrische Ort für K_v ist die Richtung der Geschwindigkeit, die senkrecht auf $\overline{II\,K}$ steht; der zweite der an $\overline{II\,K}$ mit seinem linken Schenkel angelegte Winkel ϑ_3. Dadurch ist Größe und Richtung der zur Rollengeschwindigkeit v_R jeweils zugehörigen Geschwindigkeit des unteren Steuerstangenkopfes bestimmt.

Die Geschwindigkeit des oberen Steuerstangenkopfes findet sich durch Aufsuchen des augenblicklichen Poles, um den sich die Stoßstange dreht. Dies wäre der Schnittpunkt der verlängerten Linien $\overline{K\,II}$ und der Ventilhebelachse; da jener aber infolge der nahezu parallelen Lage beider Strecken sehr weit entfernt ist, so kann man die Steuerstangenbewegung als reine Schiebung (Translation) mit der in die Steuerstangenrichtung fallenden Geschwindigkeitskomponente $v_{K'} \sim v_K$ auffassen.

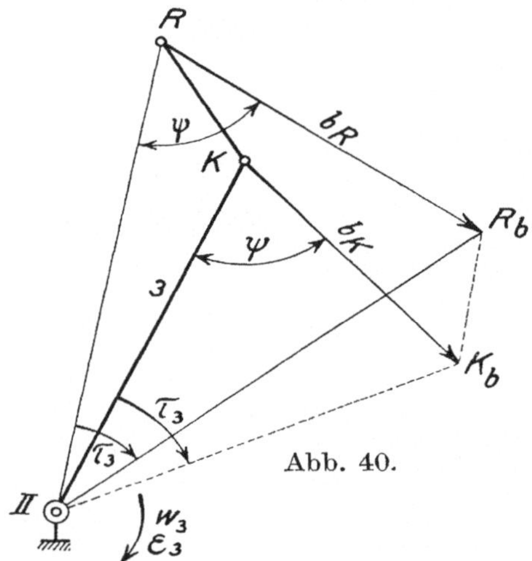

Abb. 40.

Wegen der gleichen Schwinghebelabschnitte ist somit die Ventilkomponente von v_K gleich der gesuchten, augenblicklichen Ventilgeschwindigkeit.

Um die **Beschleunigung** des Punktes K zu finden, geht man von der bekannten Beschleunigung b_R aus (Abb. 40). Man zieht $\overline{II\,R}$; ferner $\overline{K\,K_b}$ unter Winkel ψ gegen $\overline{II\,K}$ und $\overline{II\,K_b}$ unter Winkel τ_3 gegen $\overline{II\,K}$. Dadurch ist b_K bestimmt. Der Beweis ergibt sich aus dem kinematischen Lehrsatz:

„Die Endpunkte der Geschwindigkeiten und Beschleunigungen der Punkte einer Stange bilden eine Figur, die der Stange ähnlich ist."

Entsprechend der angegebenen Konstruktion ist

$$II\,R\,R_b \sim II\,K\,K_b,$$

die für die Lage K_b erforderlichen Bedingungen sind also erfüllt.

Für die Berechnung der Massenkräfte wurde eine Vereinigung der Gewichte von

Lenker einschl. Rolle . . . $G = 4{,}9$ kg; reduziert auf $r = 168$ mm[1]) $= 1{,}9$ kg,

Steuerstange . . . . $G = 6{,}0$ kg,

Ventilhebel . . . . $G = 7{,}4$ kg; reduziert auf $r = 170$ mm[1]) $= 4$ kg,

Ventilspindel einschl. Teller. $G = 4{,}5$ kg

[1]) Abstand des Drehpunktes von der Steuerstangen- oder Ventilspindelmittellinie.

in der Spindel angenommen; so daß sich insgesamt eine bewegte Masse von $\frac{16,4}{9,81} = 1,67 \frac{\text{kg} \cdot \text{sek}^2}{\text{m}}$ ergibt.

Wegen der Symmetrie des Nockens genügt es, die Untersuchungen auf eine Nockenhälfte auszudehnen; die Erscheinungen der anderen Seite sind spiegelbildlich. Es werden deshalb die Bewegungsverhältnisse des Ventiles und der Lenkerrolle jeweils nur für eine Nockenhälfte betrachtet.

Maßstäbe zu Abbildung 41 und 42.

Wege. 1 mm wirklicher Rollen- oder Ventilhub = 1 mm in der Originalzeichnung.

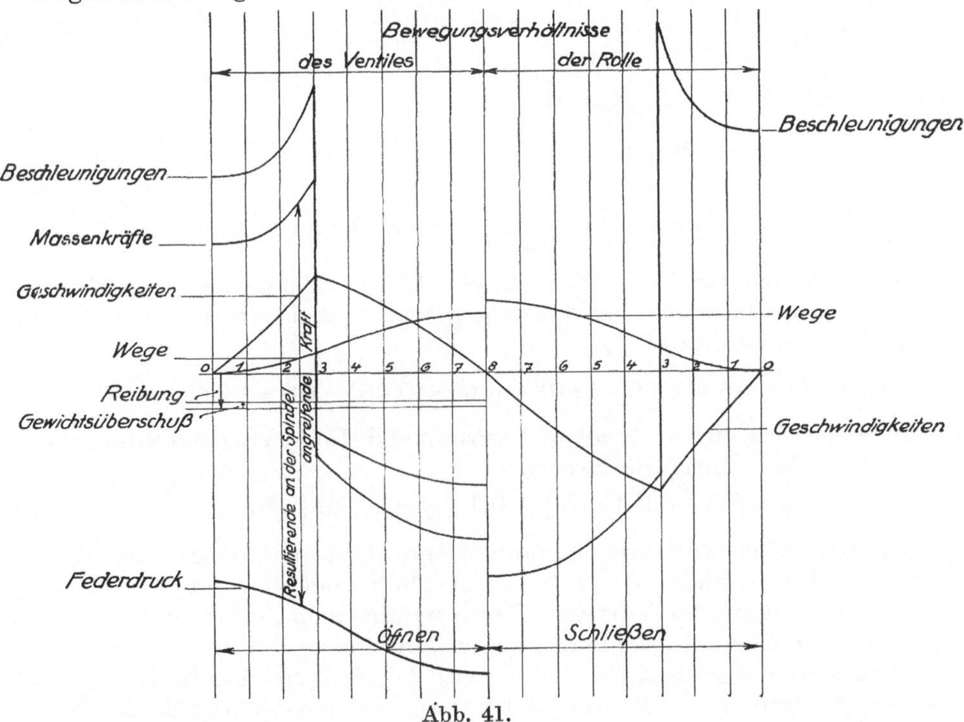

Abb. 41.

Geschwindigkeiten. Die Winkelgeschwindigkeit der Steuerwelle ist $w = \frac{\pi \cdot n}{30} = \frac{\pi \cdot \frac{190}{2}}{30} = 10 \text{ sek}^{-1}$. Für Punkt G des Kurbelgetriebes $IGRII$ ist in Stellung 3 Abb. 37 die Geschwindigkeit $v_G = \overline{IG} \cdot w = \overline{IG} \cdot \operatorname{tg} \vartheta = 0,055 \cdot 10 = 0,55$ m/sek. Sie werde der Strecke $\overline{IG} = 55$ mm gleichgesetzt, die einer Winkelgeschwindigkeit $w = 1$

entspricht. Es ist somit $1 \frac{\text{m}}{\text{sek}} = \frac{550}{0{,}55} = 100\,\text{mm}$. Die Reduktion der Geschwindigkeit auf die Winkelgeschwindigkeit $w = 1$ vereinfacht nicht unwesentlich die graphischen Konstruktionen, da zum Aufsuchen der Kurbelgeschwindigkeit der jeweiligen Ersatzgetriebe des Nockens an Stelle von Winkelübertragungen nur das Abtragen von Strecken nötig wird.

Beschleunigungen. Der Maßstab der Beschleunigungen ergibt sich aus den Maßstäben der Wege und Geschwindigkeiten. Macht man

$$1\ \text{m in Wirklichkeit} = \frac{1}{x}\ \text{m in Zeichnung}$$

$$1\ \text{m/sek}^2\ ,,\qquad ,,\qquad \frac{1}{y}\ \text{m}\ ,,\qquad ,,$$

so ist der Maßstab der Beschleunigungen

$$1\,\text{m/sek}^2\ \text{in Wirklichkeit} = \frac{x}{y^2}\,\text{m} = \frac{1000 \cdot x}{y^2}\,\text{mm in der Zeichnung}^{1)}.$$

$$\text{Für}\quad x = 1 \quad \text{und} \quad y = \frac{0{,}55}{0{,}055} \quad \text{wird} \quad 1\,\text{mm} = 0{,}1\ \text{m/sek}^2\,.$$

Punkt G des Kurbelgetriebes $IGRII$ hat demnach in Stellung 3 unter Voraussetzung gleicher Winkelgeschwindigkeit eine Beschleunigung (Normalbeschleunigung)

$$b_G = \overline{IG} \cdot w^2 = (IG \cdot \operatorname{tg} \vartheta) \cdot \operatorname{tg} \vartheta = 0{,}055 \cdot 10^2 = 5{,}5\ \text{m/sek}^2.$$

Da für $w = 1$ ($\operatorname{tg} 45° = 1$) $w^2 = 1$ wird, so ist die Normalbeschleunigung b_G des Punktes G durch die Strecke $\overline{IG} = 0{,}055$ m oder, da $1\,\text{mm} = 0{,}1\ \text{m/sek}^2$ ist, durch $\frac{5{,}5}{0{,}1} = 55\,\text{mm}$ dargestellt. Die für die kinematische Untersuchung eingeführte Winkelgeschwindigkeit $w = 1$ bietet folglich auch bei der Bestimmung der Beschleunigungen Vorteile. Dies macht sich außer bei der Entwicklung der Normalbeschleunigungen, besonders beim Aufsuchen der Coriolisbeschleunigungen für den Ersatz des Nockens durch eine Kurbelschleife (Stellung 0, 1, 2 und 3) fühlbar, wo jene sofort in Größe der doppelten Relativgeschwindigkeit abgegriffen werden können.

Kräfte. Wegen des kleinen Schwenkwinkels der Lenkerrolle, der für den ganzen Nockenhub nur 15° groß ist, soll auf die Zerlegung der

---

[1]) Werden die Wege mit x, die Zeiten mit y multipliziert, so ist $s' = x \cdot s$ und $t' = y \cdot t$, folglich $ds' = x \cdot ds$; $dt' = y \cdot dt$. Damit wird die Geschwindigkeit $v' = \frac{ds'}{dt'} = \frac{x}{y} \cdot \frac{ds}{dt} = \frac{x}{y} \cdot v$; $dv' = \frac{x}{y} \cdot dv$ und die Beschleunigung $b' = \frac{dv'}{dt} = \frac{x}{y^2} \cdot \frac{dv}{dt} = \frac{x}{y^2} \cdot b$, w. z. b. w.

Kräfte in die in Richtung der Steuerstangen- und Lenkerachse fallenden Komponenten verzichtet werden.

Die auf die Ventilspindel reduzierten bewegten Gestängemassen betragen einschließlich Ventilgewicht $\frac{1{,}67\,\text{kg}\cdot\text{sek}^2}{\text{m}}$; die größte positive Beschleunigung ist gemäß Stellung 3: 12,85 m/sek². An der Ventilspindel greift deshalb eine Massenkraft $P = 12{,}85 \cdot 1{,}67 = 21{,}5$ kg an, der in der Originalzeichnung eine Ordinate von 86 mm, also ein Maßstab 1 kg = 4 mm entspricht. Außer der Massenkraft wirkt noch der Federdruck F, die Reibung R und das Übergewicht $G_ü$ zwischen dem unteren Teil des Gestänges (Steuerstange plus Lenker) und dem Ventil einschließlich Ventilhebel, dessen Schwerpunkt dem inneren Hebelangriffspunkt zu liegt. Die Gleichgewichtsbedingung für Stellung 3 bei positiver Beschleunigung lautet demnach

$$F + R + G_ü = b \cdot M\,. \tag{60}$$

Hieraus könnte F für die bekannten Größen R, $G_ü$ und $b \cdot M$ berechnet werden. Der so erhaltene Wert wäre jedoch zu klein, da in ihm der während des Ansaugehubes im Zylinder entstehende Unterdruck nicht berücksichtigt ist. Nimmt man letzteren für eine Ölmaschine[1]) mit 0,25 at an, so muß für das Auslaßventil der geringste Federdruck so groß sein, daß der Unterdruck im Verein mit dem Tellergewicht das Ventil im Ansaugehub nicht zu öffnen vermag. Für einen Tellerdurchmesser von 110 mm und ein Ventilgewicht von 0,0685 kg auf 1 cm² Tellerquerschnitt ergibt sich demnach bei geschlossenem Ventil eine kleinste Spannkraft von

$$P_{\min} = \frac{11^2\,\pi}{4}\,(0{,}25 + 0{,}0685) \cong \mathbf{31\ kg}\,.$$

Für das Einlaßventil, das während des ganzen Ansaugehubes geöffnet ist und durch den Unterdruck nicht oder nur unbedeutend beeinflußt wird, kann die Vorspannung niederer gehalten werden. Soll Abb. 35 eine Einlaßsteuerung darstellen, so genügt eine Federvorspannung von 20 kg. Die resultierende, an der Ventilspindel nach oben wirkende Kraft ist dann für Stellung 3 und positive Beschleunigung

$$K = F_3 - G_ü + R + P_3 = (20 + 0{,}4 \cdot 9) - (4{,}5 + 4 - 6{,}0 - 1{,}9) + 4 + 21{,}5 = 48{,}5\,\text{kg} = 194{,}0\,\text{mm}\,,$$

wenn einer Federzusammendrückung von 1 mm = 0,4 kg auf Grund des Federdiagrammes entspricht und die Reibung mit 4 kg angenom-

[1]) Bei Gasmaschinen mit Füllungs- oder kombinierter Regulierung rechnet man bei Leerlauf mit Unterdrucken von 0,5—0,7 at.

men wird. Die Resultierende ist demnach gleich dem senkrechten Abstand zwischen Massenkraft- und Federdruckkurve.

Für die größte negative Beschleunigung von 7,4 m/sek² (Stellung 8) ergibt sich

$$K = (20 + 26 \cdot 0{,}4) - 0{,}6 + 4{,}0 - 12{,}88 = 20{,}92 \text{ kg} = 83{,}68 \text{ mm}.$$

In Stellung 8 ändert die Reibung für die Ablaufperiode ihr Vorzeichen, wodurch die Federkurve um $2 \cdot R$ nach oben verschoben wird und sich als Resultierende eine Kraft $K = 20{,}92 - 2 \cdot 4 = 12{,}92$ kg ergibt. Dieser Betrag genügt, um ein Abspringen der Rolle vom Nockenscheitel zu vermeiden, das hier eintreten müßte, wenn die senkrechte Entfernung zwischen Massenkraft und Federdruckkurve kleiner als Null würde.

Die Verhältnisse des Auslaßventiles sind mit Ausnahme der Feder, deren Vorspannung 58 kg bei einer Federung 1 mm = 1,3 kg beträgt, wie beim Einlaß. Es entspricht demgemäß in Stellung 3 bei positiver Beschleunigung eine resultierende Kraft

$$K = (58 + 1{,}3 \cdot 9) - 0{,}6 + 4{,}0 + 21{,}5 = 94{,}6 \text{ kg}$$

und in Stellung 8

$$K = (58 + 1{,}3 \cdot 26) - 0{,}6 + 4{,}0 - 12{,}88 = 82{,}32 \text{ kg}.$$

Mit Ausnahme der Federkurve für das Auslaßventil sind sämtliche Werte über einer Zeitachse zusammengestellt. Die Zeit für einen Auf- und Niedergang des Ventiles beträgt nach dem am Nocken festgelegten Eingriffswinkel von $130° = \frac{60 \cdot 130}{360 \cdot 95} = 0{,}228$ sek, so daß die ausgeführte Strecke von 228 mm einem Maßstab 1 mm = 0,001 sek zugrunde gelegt ist.

2. Der Einfluß des Ventilhubspieles.

a) Das Entstehen von Stoßdrucken.

Die im vorigen Abschnitt bei der Untersuchung einer ausgeführten Steuerung gefundenen Zahlenwerte können nur Anspruch auf Richtigkeit erheben, wenn das Steuerungssystem als vollkommen starr und ohne Ventilspiel arbeitend vorausgesetzt wird. Diese Einschränkungen, die nach früheren Ausführungen der Wirklichkeit nicht entsprechen, sollen nun außer acht gelassen und die dadurch entstehenden neuen Bewegungsverhältnisse an Hand der Abb. 42 besprochen werden.

Legt man in einen beliebigen Punkt der Ventilwegkurve (kurz s-Kurve genannt) die Tangente, so ist seine zugehörige Geschwindigkeit $v = \frac{ds}{dt} = \operatorname{tg} \alpha$.

Da $ds = v\,dt$ oder $s_1 - s_0 = \int_{t_0}^{t_1} v \cdot dt$, so ergibt sich, daß der zwischen den Zeiten t_0 und t_1 zurückgelegte Weg durch die Fläche $C_0 D_0 D_1 C_1$ unter der Geschwindigkeitskurve dargestellt ist.

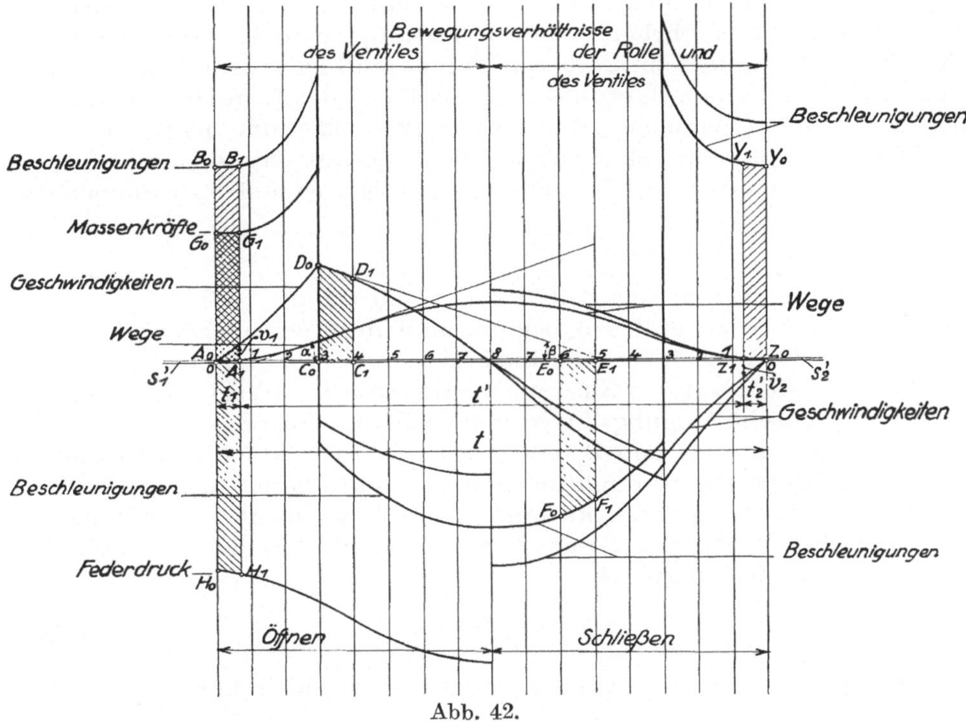

Abb. 42.

In gleicher Weise findet man durch die an einen beliebigen Punkt der Geschwindigkeits- (v-) Kurve gelegte Tangente die zugehörige Beschleunigung

$$b = \frac{dv}{dt} = \operatorname{tg}\beta .$$

Da $dv = b \cdot dt$ oder $v_1 - v_0 = \int_{t_0}^{t_1} b \cdot dt$, so ist die Geschwindigkeit v_1 zur Zeit t_1 durch Planimetrieren der Fläche $E_0 F_0 F_1 E_1$ unterhalb der Beschleunigungskurve bestimmbar, wenn man den Wert v_0 zur Zeit t_0 kennt.

Erwähnenswert ist, daß durch den Zusammenhang der beiden Integrale $s = \int v \cdot dt$ und $v = \int b \cdot dt$ nicht nur die Möglichkeit gegeben ist, die einzelnen Kurven auf ihre Richtigkeit zu prüfen, sondern daß auch aus einer beliebig gewählten „Zeitbeschleunigungskurve" die zugehörige

s- und v-Kurve bestimmt werden kann. Von dieser sogenannten „Rückwärtskonstruktion“ wird in der Praxis sehr häufig Gebrauch gemacht[1]).

In Abb. 42 ist ferner das freie Spiel $s = 0{,}6$ mm, das sich bei ausgeführten Maschinen entweder zwischen Ventilspindel und Umkehrhebel oder zwischen Umkehrhebel und Stoßstange befindet, eingezeichnet. Für einen nutzbaren Ventilhub von 26 mm muß bei einem gleicharmigen Ventilhebel und einem Übersetzungsverhältnis des Lenkers von 1,22 : 1 der Nockenhub demnach $(26 + 0{,}6) \cdot 1{,}22 = 32{,}4$ mm betragen.

Die Zeit $t = 0{,}228$ sek, welche die Rolle auf Grund des Eingriffswinkels für einen Auf- und Niedergang benötigt, setzt sich zusammen aus

$$t = t_1' + t' + t_2', \tag{61}$$

d. h. die Rolle legt in der Zeit t_1' den toten Gang $s_1' = 1{,}22 \cdot s$ zurück, bevor das Ventil zu eröffnen beginnt und muß den gleichgroßen Weg $s_2' = s_1' = 1{,}22 \cdot s$ nach Ventilschluß in der Zeit t_2' durchlaufen.

Mit Rücksicht auf den Zusammenhang zwischen Weg-, Geschwindigkeits- und Beschleunigungskurve läßt sich nun folgern:

Da die Punkte A_1 und Z_1 der Wegkurve die endliche Geschwindigkeit v_1 und v_2 besitzen, so müßte auch das Ventil bereits die zugehörigen Geschwindigkeiten v_1 und v_2 aufweisen. Im Zeitelement $d\,t$ vor Punkt A_1 hat aber das Ventil die Geschwindigkeit Null. Demnach ist die Beschleunigung im Punkte A_1

$$b_1 = \frac{d\,v_1}{d\,t} = \infty\,. \tag{62}$$

Das gleiche gilt für Punkt Z_1, wo die Beschleunigung

$$b_2 = \frac{d\,v_2}{d\,t} \text{ ebenfalls } = \infty \text{ ist.} \tag{62a}$$

Nach diesem Ergebnis müßten sinngemäß in A_1 und Z_1 unendlich große Massenkräfte wirken, was praktisch unmöglich ist, da solchen Kräften kein Körper widerstehen könnte ohne zerstört zu werden. Die Bewegungsaufnahme des Ventiles muß demnach entgegen Abb. 42 mit einem gewissen Zeitaufwand erfolgen, der aber nur vorhanden sein kann, wenn das Steuerungssystem elastisch ist. Dies ist in der Tat bei sämtlichen Steuerungsteilen, insbesondere aber bei der Steuerstange mehr oder weniger der Fall. Da aber des hohen Elastizitätsmodules halber die Aufnahme der Bewegung in sehr kurzer Zeit erfolgt, so läßt sich voraussehen, daß die Steuerung zu Anfang und zu Ende des Ventilhubes Massen-

[1]) In ähnlicher Weise geht Heller: Über die Formgebung von Steuernocken, Diss. München 1912, von einem gewählten Ventilbewegungsgesetz zurück auf die v- und s-Kurve.

kräften unterworfen ist, die erheblich über den bisher ermittelten Werten liegen und stoßartig einsetzen. Das Flächenäquivalent von

$$v_1 - v_0 = \int_{t_0}^{t_1'} b_1 \cdot dt = A_0 A_1 B_1 B_0 \quad \text{und von}$$

$$v_2 - v_0 = \int_{t_0}^{t_2'} b_2 \cdot dt = Z_0 Z_1 Y_1 Y_0$$

entspricht somit jeweils einer Stoßbeschleunigung, während die Fläche $G_0\,H_0\,H_1\,G_1$ zwischen Massenkraft- und Federdruckkurve das Äquivalent des Stoßes darstellt, dessen Impuls allerdings nicht bestimmbar ist. Es läßt sich aber folgern, daß wegen der geringen Zeit, die der entstehende Deformiervorgang zuläßt, die einzelne Fläche nur durch hohe Ordinaten, d. h. große Beschleunigungs- und Kraftwerte, verwirklicht werden kann.

b) Die Stoßerscheinungen.

Um den Charakter der als Folge des Ventilhubspieles entstehenden Stoßerscheinungen richtig zu erkennen, soll zunächst die Steuerbewegung des Ventiles einer dynamischen Analyse unterzogen werden.

Das Öffnen und Schließen des Ventiles während einer Steuerperiode stellt eine Schwingung dar, die jeweils nur einen vollen Bogen bildet und mit Erregerschwingung bezeichnet werden soll. Zwischen zwei aufeinanderfolgenden Perioden befindet sich stets eine Unterbrechung, die so lange dauert, als die Lenkerrolle Zeit zum Durchlaufen der unteren Rast benötigt. Bei manchen Daumenausführungen setzt sich der volle Bogen aus zwei halben, gleich großen Schwingungen zusammen, deren Aufeinanderfolge während der Rollenbewegung auf einer sogenannten „oberen Rast", einem zur Bohrung konzentrischen Kreisstück, nochmals unterbrochen ist. Das Einschalten des oberen Ruhekreises sowie die Ausführung des Öffnungs- und Schließbogens in gleicher Form und Größe ist nicht unbedingt erforderlich, aus Herstellungsgründen aber öfters anzutreffen[1]). Im Interese günstiger Kraftverhältnisse ist die Ausbildung des Daumens nach dem Gesetz der harmonischen Schwingung die beste[2]); ein darnach geformter Nocken ist stets symmetrisch.

Wäre das Steuerungssystem vollkommen starr und ohne Hubspiel, so würden die Bewegungsverhältnisse des Ventils, wie bereits erwähnt, nur durch das Daumenprofil und seine Winkelgeschwindigkeit bestimmt. Infolge der Elastizität des Steuergestänges stehen jedoch die Bewegungsvorgänge unter dem Einfluß innerer veränderlicher Spannkräfte, deren Größe außer von der Materialbeschaffenheit und den auf dem Ventil lastenden Widerständen von dem Impuls des Stoßes bedingt ist.

---

[1]) Bei Profilierung des Nockens mittels Schablonenfräsers ist man von der Form des Daumens werkstättentechnisch unabhängig.

[2]) Hartmann, E., a. a. O.

Sieht man von letzterem vorderhand ab, so kann die Ventiltätigkeit wie folgt beschrieben werden:

Sobald während der Drehung des Nockens die Lenkerrolle den unteren Ruhekreis zurückgelegt hat, beginnt sie auf die ansteigende Eröffnungsflanke überzulaufen und sich mitsamt dem unteren Stoßstangenkopf vom Steuerwellenmittel zu entfernen. Dieser Hubbewegung tritt eine Kraft entgegen, die sich einerseits aus der Vorspannung der Ventilfeder, andererseits aus dem Trägheitswiderstand der Gestängemassen zusammensetzt. Denkt man sich der Einfachheit halber die Masse des Ventilkegels, Umkehrhebels und der halben Stoßstange im äußeren Hebelangriffspunkt oder Ventilkegel als M_1, die des Lenkers einschließlich Rolle, sowie der restlichen Hälfte der Stange im unteren Stangenkopf als M_2 reduziert und vereinigt (die Stange selbst demnach masselos), so verändern beide Massen wegen des Widerstandes, den M_1 der Bewegungsaufnahme entgegenstellt, infolge der Elastizität der Steuerstange ihre gegenseitige Lage zueinander, d. h. sie nähern sich. Die Relativgeschwindigkeit beider Massen nimmt stetig ab, während der Stangendruck wächst; jene wird Null, sobald der Widerstand gleich der Spannung der Steuerstange ist. In dem Augenblick, in dem Gleichgewicht zwischen inneren und äußeren Kräften herrscht, die Formänderung der Stange also beendet ist, wird das Ventil angehoben und die Eröffnung beginnt. Die dabei entstehende Spannungsgröße ist gleich der Summe aus Federdruck, Reibung, der Massenkraft von M_1 und einem eventuellen Überdruck der Zylinderladung auf den Ventilteller.

Die infolge der Elastizität bei der Zusammendrückung der Steuerstange entstehenden inneren Kräfte haben nun das Bestreben, die Formänderungsarbeiten wieder rückgängig zu machen. Hierbei entfernen sich die beiden Massen wieder voneinander. Während dieser Zeit wird ein Teil der elastischen Formänderungsarbeit in lebendige Kraft verwandelt und wirft, da die Masse M_2 auf einen überlegenen Widerstand von seiten des Nockens stößt, die Masse M_1 zurück. Die Relativgeschwindigkeit von M_1 gegenüber M_2 wächst, während die Spannung in der Stange abnimmt.

In der Zwischenzeit hat der Nocken seine Drehbewegung fortgesetzt und die Steuerstange nachgeschoben. Dadurch nimmt der Federdruck auf M_1 zu und die während des Entspannungsvorganges erzeugte Relativgeschwindigkeit zwischen M_1 und M_2 wieder ab. Nachdem die Relativgeschwindigkeit neuerdings ihr Vorzeichen gewechselt hat, wiederholt sich das Spannen und Entspannen des Steuerungssystems in der beschriebenen Weise.

Wegen der Formänderungen der Steuerstange durchläuft somit das Ventil während seines Hubes nicht die theoretische Zeitwegkurve, sondern seine wirkliche Bewegung erfolgt schwingungsartig um einen mittleren Spannungszustand, der, aufgetragen über einer Zeitachse, der Wegkurve ähnlich ist, jedoch um das Maß der mittleren Steuerstangenzusammendrückung unterhalb jener liegt.

Die resultierende Bewegung des Ventiles ist demnach eine zusammengesetzte Schwingung mit einem Freiheitsgrade, die sich aus der Eigenschwingung des Ventiles und der durch die Bewegungsverhältnisse der äußeren Steuerung erzwungenen Schwingung zusammensetzt.

Die entwickelten Bewegungserscheinungen treten in besonders auffälligem Maße auf, wenn die erste Formänderung der Steuerstange nicht durch Druck, sondern durch den beim Ventilhubspiel entstehenden Stoßimpuls verursacht wird.

Sobald das freie Spiel im Steuerungssystem nach Einsetzen der Hubbewegung der Masse M_2 durchlaufen ist, stößt die elastische Steuerstange auf die ruhende Masse M_1. Da letztere, unterstützt durch die Vorspannung der Feder, den Überdruck der Zylinderladung sowie durch Reibungskräfte der Bewegungsaufnahme einen gewissen Trägheitswiderstand leistet, so entsteht nach der Berührung beider Körper ein Stoßdruck.

Dieser verursacht wegen der Elastizität der Steuerstange eine Relativbewegung zwischen oberem und unterem Stangenkopf, die stetig abnimmt, während der Stoßdruck allmählich anwächst. Die Relativbewegung wird Null, sobald die dem Stoßimpuls und dem Trägheitswiderstand entsprechende Formänderungsarbeit der Stange beendet ist. Die Zeit vom Beginn des Stoßes bis zu diesem Augenblick sei erste Stoßperiode genannt.

Mit dem Ende der ersten Periode hört der Stoßdruck noch nicht auf, sondern infolge der Elastizität der Steuerstange werden deren Formänderungen wieder rückgängig. Ein Teil der beim Stoß aufgespeicherten elastischen Formänderungsarbeit verwandelt sich hierbei in lebendige Kraft und wirft den oberen Stangenkopf zurück. Sich selbst überlassen, würden die beiden stoßenden Körper sich trennen. Da aber der Nocken während der ersten und auch der zuletzt geschilderten zweiten Stoßperiode die Steuerstange nachgeschoben und gleichzeitig den Anhub des Ventiles bewerkstelligt hat, wodurch die Rückstellkraft der Ventilfeder zu-, die Relativgeschwindigkeit der beiden Massen abnimmt, so bleibt normalerweise der Zwangsschluß in der Steuerung erhalten. Die durch den Stoß ausgelösten Bewegungen des Ventiles erfolgen sinngemäß ebenfalls schwingungsartig um die Zeitweg- oder mittlere Spannungskurve, wobei im Vergleich zum 1. Fall die Amplituden der Eigenschwingung größer, die Wellen insgesamt zahlreicher ausfallen.

Der rechnerischen Erfassung der durch den Stoß hervorgerufenen Bewegungsvorgänge treten Schwierigkeiten entgegen. Denn über die

Größe der Stoßkraft, die aus dem Stoßimpuls $\int_0^t P \cdot dt$ ermittelt werden könnte, lassen sich wegen der unbekannten Integralgrenzen keine Angaben machen.

Immerhin ist die Möglichkeit vorhanden, wenigstens zwei Grenzfälle der Stoßvorgänge zahlenmäßig zu behandeln: Der eine ist gegeben, wenn der Stoßimpuls so heftig war, daß die Lenkerrolle vom Nocken abspringt[1]), der andere, wenn der Stoß gleich Null ist und folglich der Kraftschluß in dem Steuerungssystem nie unterbrochen wird. Dieser letzte Fall bedingt aber, daß kein Ventilhubspiel vorhanden ist und fällt deshalb außerhalb des Rahmens der vorliegenden Arbeit.

Das Abspringen der Rolle von der Führungsbahn erfolgt, wenn die in die Richtung der Berührungsnormale fallende Komponente der Rollengeschwindigkeit größer ist als die des paarenden Nockenpunktes. Wann bei einer ausgeführten Steuerung die Rolle beim Anhub abspringt, kann während des Betriebes dadurch festgestellt werden, daß man die Druckschraube im Ventilhebel so lange zurückdreht, bis in der Steuerung ein deutlich erkennbarer Doppelschlag zu hören ist[2]). Die Abmessung des hierbei vorhandenen Spieles und seine Eintragung in die Nockenzeichnung ergibt den betreffenden mittleren Stoßpunkt der Daumenflanke. Damit ist dessen Geschwindigkeit und auch die Größe der in die Berührungsnormale fallenden Komponente bekannt. Es bleibt noch übrig, eine Annahme für die Rollenkomponente zu treffen, die größer als die des paarenden Nockenpunktes sein muß, wodurch auf ein ungefähres Minimum geschlossen werden kann. Bei der untersuchten Maschine der G. M. G. trat das Abspringen der Rolle bei einem Ventilhubspiel von 4,5 mm ein, dem zufällig der Nockenpunkt 2 mit einer Geschwindigkeitskomponente von 0,325 m/sek entspricht[3]). Die in die Steuerstangenrichtung fallende Rollenkomponente wurde mit 0,5 m/sek gewählt.

Zur Vereinfachung der dynamischen Untersuchungen und um die Ergebnisse deutlicher hervortreten zu lassen, sei wieder das Steuerungssystem in die beiden Massen M_1 und M_2 zusammengefaßt, so daß die Stoßstange und Feder als masselos betrachtet werden können. Der Stoßimpuls sei ferner im Vergleich zum Trägheitsmoment des Rohr-

[1]) Derartige Beobachtungen können bei der besten Nockenform gemacht werden, wenn das Ventilspiel zu groß ist. Siehe auch Leist: Steuerungen der Dampfmaschinen. Berlin 1905, S. 521.

[2]) Das Abspringen der Rolle vom Daumenrücken als Folge zu schwacher Ventilfeder steht in keinem unmittelbaren Zusammenhang mit dem Ventilspiel.

[3]) Das erforderliche Spiel ist sehr groß und spricht für die einwandfreie Ausführung des Nockens. Bei Schnelläufern springt die Rolle meist schon bei einer Spielerweiterung von 1—1,5 mm, die von selbst durch natürlichen Verschleiß der Steuerteile oder durch Wärmedehnungen entstehen kann.

querschnittes so klein, daß Biegungsschwingungen um die Längsachse der Steuerstange nicht eintreten.

Wenn die Masse M_2 vom Nocken mit der Geschwindigkeit v_0 abspringt, wird die Steuerstange deformiert, die Masse M_1 beschleunigt und hierbei die Ventilfeder zusammengedrückt. Die Zusammendrückung der Feder sei y, die der Stange z; der Zeitabschnitt vom Einsetzen des Stoßes bis zu dem Augenblick, wo die beiden Massen sich wieder trennen, werde mit t_1 bezeichnet. Während dieser Zeit führen beide Massen unter dem Einfluß der elastischen Kräfte zwei miteinander gekoppelte Eigenschwingungen aus, deren Entwicklung allerdings meistens schon in den folgenden Perioden des Stoßes durch den nacheilenden Nocken gestört wird. Die freien Schwingungen gehen durch das Einsetzen der äußeren, vom Daumen her wirkenden Kraft in erzwungene über, oder aber, wenn der Nocken die Rolle nicht rechtzeitig erreicht, trennt sich die Masse M_1 von der elastischen Steuerstange. Es erfolgt ein zweites Abspringen der Masse M_2 vom Nocken mit ähnlichen, aber im Vergleich zum ersten Stoß weniger ausgeprägten Schwingungserscheinungen[1]).

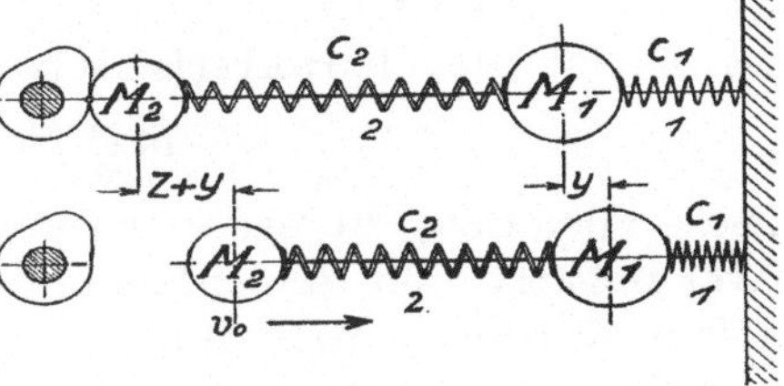

Abb. 43.

Bezeichnet man mit c_1 und c_2 die Kraft, welche die Feder 1 bzw. Steuerstange 2 um die Längeneinheit zusammenpreßt, so lassen sich nach Abb. 43 unter Vernachlässigung der Federvorspannung und Dämpfung zwei Bewegungsgleichungen aufstellen:

$$1. \quad M_1 \frac{d^2 y}{d t^2} - c_2 z + c_1 y = 0 . \tag{63}$$

$$2. \quad M_2 \left(\frac{d^2 y}{d t^2} + \frac{d^2 z}{d t^2}\right) + c_2 z = 0 . \tag{64}$$

An der Masse M_1 wirkt eine beschleunigende Kraft, die gleich ist der Resultierenden der vorn und hinten angreifenden Spannkräfte; an der M_2 greift die verzögernde Kraft $c_2 z$ an.

Aus Gleichung (63) folgt

$$c_2 z = M_1 \frac{d^2 y}{d t^2} + c_1 y, \quad \text{also durch Differentiation}$$

$$c_2 \frac{d^2 z}{d t^2} = M_1 \frac{d^4 y}{d t^4} + c_1 \frac{d^2 y}{d t^2} . \tag{65}$$

[1]) Wenn ein Nocken längere Zeit stoßartig gearbeitet hat, so zeigen sich auf den Flanken wellenförmige Einbuchtungen und Erhebungen, die deutlich auf den schwingungsartigen Verlauf der in der Steuerung wirkenden Kräfte hinweisen.

Setzt man z und $\frac{d^2 z}{d t^2}$ in (64) ein, so ergibt sich

$$\underbrace{M_1 \cdot M_2}_{R} \frac{d^4 y}{d t^4} + \underbrace{(c_2 M_2 + c_1 M_2 + c_2 M_1)}_{S} \frac{d^2 y}{d t^2} + \underbrace{c_1 c_2}_{T} y = 0 \qquad (66)$$

oder

$$R \frac{d^4 y}{d t^4} + S \frac{d^2 y}{d t^2} + T y = 0 . \qquad (66\,\text{a})$$

Damit ist die charakteristische Gleichung

$$R \lambda^4 - S \lambda^2 + T = 0 . \qquad (67)$$

Diese Gleichung liefert vier reelle Wurzeln, von denen zwei positiv und zwei negativ von dem gleichen Zahlenwert wie die positiven sind. Benötigt werden jedoch nur die beiden positiven Wurzeln, die mit den gesuchten Konstanten λ_1 und λ_2 übereinstimmen. Nach Gleichung (67) ist dann

$$\left.\begin{aligned} \lambda_1^2 &= \frac{S + \sqrt{S^2 - 4 R T}}{2 R}\,; \quad \lambda_1 = \sqrt{\frac{S + 2\sqrt{R T}}{4 R}} + \sqrt{\frac{S - 2\sqrt{R T}}{4 R}} \\ \lambda_2^2 &= \frac{S - \sqrt{S^2 - 4 R T}}{2 R}\,; \quad \lambda_2 = \sqrt{\frac{S + 2\sqrt{R T}}{4 R}} - \sqrt{\frac{S - 2\sqrt{R T}}{4 R}} \end{aligned}\right\} \qquad (68)$$

Für die zahlenmäßige Durchrechnung des Beispieles sollen die Werte der Auslaßsteuerung zugrunde gelegt werden. Nach S. 88 ist

$$M_1 = \frac{4{,}5 + 4{,}0 + \frac{1}{2} \cdot 6}{9{,}81} = 1{,}17 \frac{\text{kg} \cdot \text{sk}^2}{\text{m}}\,; \quad M_2 = \frac{1{,}9 + \frac{1}{2} \cdot 6}{9{,}81} = 0{,}5 \frac{\text{kg} \cdot \text{sk}^2}{\text{m}}\,;$$

ferner beträgt die Kraft c_1 nach S. 92: 13 kg für 1 cm Zusammendrückung der Feder. Die Länge der Steuerstange, die aus nahtlosem Mannesmannstahlrohr von 30,5 mm äußerem und 28,0 mm innerem Durchmesser gefertigt ist, beträgt 1670 mm. Bei einem Elastizitätsgrad des Stangenmateriales $E = 1\,800\,000$ kg/cm² ist demnach die für 1 cm Zusammenpressung erforderliche Kraft bei dem

$$\left(\frac{3{,}05^2 \pi}{4} - \frac{2{,}8^2 \pi}{4}\right) \cong 1 \text{ cm}^2$$

großen Stangenquerschnitt gemäß der Definition von

$$E \text{ kg/cm}^2 = \frac{P \text{ kg} \cdot l \text{ cm}}{F \text{ cm}^2 \; \varDelta \text{ cm}}\,,$$

worin l die Stangenlänge, $\varDelta$ die Zusammendrückung, F den wirksamen Querschnitt und $P = c_2$ die gesuchte Kraft bedeutet:

$$P = c_2 = \frac{1\,800\,000 \text{ kg/cm}^2 \cdot 1 \text{ cm}^2 \cdot 1 \text{ cm}}{167 \text{ cm}} = 10\,800 \text{ kg} .$$

Setzt man kurz $c_2 = c$; $M_2 = M$, so ist

$$M_1 = 2{,}34 \cdot M; \qquad c_1 = \frac{c}{835} = 0{,}0012\, c, \qquad \text{also nach Gl. (66)}$$

$$R = 2{,}34\, M^2, \qquad S = 3{,}341 \cdot c \cdot M, \qquad T = 0{,}0012\, c^2 \qquad \text{und}$$

$$\left.\begin{aligned} \lambda_1^2 &= 1{,}428 \frac{c}{M} \qquad & \lambda_1 &= 1{,}195 \sqrt{\frac{c}{M}} \\ \lambda_2^2 &= 0{,}00036 \frac{c}{M} \qquad & \lambda_2 &= 0{,}019 \sqrt{\frac{c}{M}} \end{aligned}\right\} \tag{69}$$

Das allgemeine Integral von Gleichung (66) ist nun

$$y = A \sin \lambda_1 t + B \cos \lambda_1 t + C \sin \lambda_2 t + D \cos \lambda_2 t \tag{70}$$

oder wegen Gleichung (63)

$$\left.\begin{aligned} z = &\left(\frac{c_1}{c_2} - \frac{M_1}{c_2} \lambda_1^2\right) (A \sin \lambda_1 t + B \cos \lambda_1 t) \\ &+ \left(\frac{c_1}{c_2} - \frac{M_1}{c_2} \lambda_2^2\right) \cdot (C \sin \lambda_2 t + D \cos \lambda_2 t) \end{aligned}\right\} \tag{71}$$

oder nach Einsetzen von

$$\frac{c_1}{c_2} = 0{,}0012, \qquad M_1 = 2{,}34\, M \qquad \text{und} \qquad \lambda_1^2,\ \lambda_2^2 \qquad \text{aus (69)}$$

$$\begin{aligned} z = &-3{,}339\, A \sin \lambda_1 t - 3{,}339\, B \cos \lambda_1 t + 0{,}00036\, C \sin \lambda_2 t \\ &+ 0{,}00036\, D \cos \lambda_2 t \end{aligned} \tag{71a}$$

Ferner ist

$$\frac{dy}{dt} = A \lambda_1 \cos \lambda_1 t - B \lambda_1 \sin \lambda_1 t + C \lambda_2 \cos \lambda_2 t - D \lambda_2 \sin \lambda_2 t, \tag{72}$$

$$\left.\begin{aligned} \frac{dz}{dt} = &-3{,}339\, A \lambda_1 \cos \lambda_1 t + 3{,}339\, B \lambda_1 \sin \lambda_1 t + 0{,}00036\, C \lambda_2 \cos \lambda_2 t \\ &- 0{,}00036\, D \lambda_2 \sin \lambda_2 t\,. \end{aligned}\right\} \tag{73}$$

Für $t = 0$ wird: $y = 0$, $z = 0$, $\dfrac{dy}{dt} = 0$, $\dfrac{dz}{dt} = v_0$.

Dies gibt, auf die Gleichungen (70), (71a), (72), (73) angewendet,

$$\left.\begin{aligned} &\left.\begin{aligned} B + D &= 0 \\ -3{,}339\, B + 0{,}00036\, D &= 0 \end{aligned}\right\}; \quad \text{hieraus } B = 0, \quad D = 0 \\ &\left.\begin{aligned} A \lambda_1 + C \lambda_2 &= 0 \\ -3{,}339\, A \lambda_1 + 0{,}00036\, C \lambda_2 &= v_0 \end{aligned}\right\}; \quad \text{hieraus } A = -\frac{v_0}{3{,}3394\, \lambda_1} \\ &\qquad\qquad\qquad\qquad\qquad\qquad\qquad\quad C = \frac{v_0}{3{,}3394\, \lambda_1}; \end{aligned}\right\} \tag{73a}$$

also ist

$$y = -\frac{v_0}{3{,}34\,\lambda_1}\sin\lambda_1 t + \frac{v_0}{3{,}34\,\lambda_2}\sin\lambda_2 t\,, \tag{74}$$

$$z = \frac{v_0}{\lambda_1}\sin\lambda_1 t + 0{,}00011\frac{v_0}{\lambda_2}\sin\lambda_2 t\,, \tag{75}$$

oder nach Einsetzen von λ_1, λ_2 aus (69)

$$z = v_0\sqrt{\frac{M}{c}}\,(0{,}837\,\sin\lambda_1 t + 0{,}0058\,\sin\lambda_2 t)\,. \tag{75a}$$

Die Massen M_1 und M_2 trennen sich, wenn z zum ersten Male nach $t = 0$ wieder Null wird; folglich ist t die kleinste positive Wurzel der transzendenten Gleichung

$$\left.\begin{aligned} &0{,}837\,\sin\lambda_1 t = -0{,}0058\,\sin\lambda_2 t \\ \text{oder}\quad &\sin\left(1{,}195\sqrt{\frac{c}{M}}\cdot t\right) = -0{,}0069\,\sin\left(0{,}019\sqrt{\frac{c}{M}}\,t\right) \\ \text{oder wenn zur Abkürzung}\quad &0{,}019\sqrt{\frac{c}{M}}\cdot t = \tau \quad \text{gesetzt wird} \end{aligned}\right\} \tag{76}$$

$$\sin(63\,\tau) = -0{,}0069\,\sin\tau\,. \tag{77}$$

Diese Gleichung, deren kleinste positive Wurzel $\tau = \tau_1$ benötigt wird, löst man zweckmäßig auf graphischem Wege, indem man die Kurven

$$y = \sin(k\cdot\tau)\,,$$

wo $k = 63$

und $y = -0{,}0069\,\sin\tau$

zeichnet.

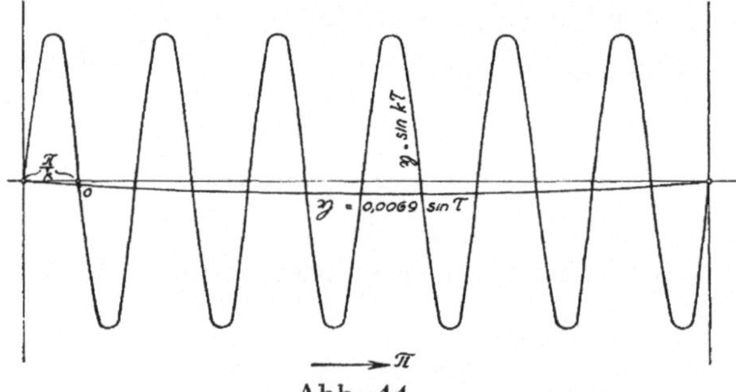

Abb. 44.

In Abb. 44 sind beide Sinuskurven wiedergegeben, wobei der Deutlichkeit halber die letzte Kurve stark überhöht gezeichnet und die erste, bei der auf 1 Wellenzug der letzten Kurve $k = 63$ Wellenzüge kommen, mit $k = 12$ eingetragen wurde. Aus Abb. 44 sieht man, daß die erste positive Wurzel τ_1 fast mit der Abszisse des ersten Schnittpunktes 0 beider Kurven nach $\tau = 0$ zusammenfällt, d. h. $\tau_1 = \frac{\pi}{k} = \frac{\pi}{63}$. (In Wirklichkeit sind die Verhältnisse günstiger als bei Abb. 44.)

Somit ist $$\tau_1 = \frac{\pi}{63} = 0{,}0498 = 2^\circ\,51'\,,$$

und wegen Gl. (76) $t_1 = 2{,}62\sqrt{\frac{M}{c}} = 2{,}62\sqrt{\frac{0{,}5}{1080000}} = 0{,}00178$ sek.

Nach Einsetzen der Zahlenwerte findet man für

$$\begin{aligned}\lambda_1 t_1 &= 1{,}195\sqrt{2160000}\cdot 0{,}00178\\ &= 1{,}195\cdot 1469{,}69\cdot 0{,}00178 \cong 3{,}14 = \pi = 180^\circ,\\ \lambda_2 t_1 &= 0{,}019\sqrt{2160000}\cdot 0{,}00178\\ &= 0{,}019\cdot 1469{,}69\cdot 0{,}00178 = 0{,}0498 = 2^\circ 55'.\end{aligned}$$

Die Geschwindigkeit der Masse M_2 bei der Trennung ergibt sich zu

$$\begin{aligned}v_2 &= \left(\frac{dv}{dt}+\frac{dz}{dt}\right)_{t=t_1} = v_0\left(\frac{-\cos\lambda_1 t_1}{3{,}34}+\frac{\cos\lambda_2 t_1}{3{,}34}+\cos\lambda_1 t_1 + 0{,}00011\cos\lambda_2 t_1\right)\\ &= v_0(0{,}7\cos\lambda_1 t_1 + 0.3\cos\lambda_2 t_1) = v_0(-0{,}7+0{,}3\cdot 0{,}9987)\\ &= -0{,}4\,v_0 \text{ und da } v_0 = 0{,}5\,\text{m/sek gewählt wurde zu } v_2 = -0{,}2\,\text{m/sek}.\end{aligned}$$

Die größte Formänderung der Ventilfeder läßt sich aus Gleichung (74) errechnen, wenn die Zeit $t = t'$ bekannt ist. Diese ergibt sich aus der Bedingung $\frac{dy}{dt} = 0$, d. h. $-\cos\lambda_1 t' + \cos\lambda_2 t' = 0$.

Man hat daher

$$(\lambda_1+\lambda_2)\,t' = 2\pi \quad\text{oder}\quad t' = \frac{2\pi}{\lambda_1+\lambda_2} = 0{,}00355 \simeq 2\,t_1.$$

Somit ist $\lambda_1 t' = 6{,}28 = 360^\circ$; $\sin\lambda_1 t' = 0$.

$\lambda_2 t' = 0{,}0996 = 57^\circ 5'$; $\sin\lambda_2 t' = 0{,}839$ und nach (74) demnach

$$y_{\max} = \frac{v_0}{3{,}34\,\lambda_2}\cdot\sin\lambda_2 t' = \frac{0{,}5}{3{,}34\cdot 27{,}9}\cdot 0{,}839 = 0{,}0045\,\text{m} = \mathbf{4{,}5\,mm}.$$

Um diesen Wert würde das Ventil vom Sitz abgehoben, wenn die Feder ohne Vorspannung wäre. Da aber in Wirklichkeit das Ventil mit 58 kg belastet, die Feder folglich nach S. 92 mit $\frac{58\,\text{kg}}{1{,}3\,\text{kg/mm}} = 44{,}5$ mm vorgespannt ist, so verharrt das Ventil trotz des Abspringens der Rolle vom Nocken auf seinem Sitz.

Die Zeit t'' der größten Formänderung der Steuerstange folgt aus $\frac{dz}{dt} = 0$, d. h. nach Gl. (75a) $0{,}837\,\lambda_1\cos\lambda_1 t'' + 0{,}0058\,\lambda_2\cos\lambda_2 t'' = 0$.

Vernachlässigt man das zweite Glied wegen seiner Kleinheit, so ist

$$\cos\lambda_1 t'' = 0 \quad\text{und}\quad \lambda_1 t'' = \frac{\pi}{2},$$ die Zeit t'' folglich

$$t'' = \frac{\pi}{2\cdot\lambda_1} = \frac{3{,}14}{2\cdot 1751} = 0{,}000895 \cong \frac{t_1}{2}\,\text{sek}.$$

Die zugehörige größte Deformation der Steuerstange erhält man wegen $\sin \lambda_1 t'' = 1$ nach (75a), wenn man wieder das zweite Glied wegen seiner Kleinheit außer acht läßt, zu

$$z_{\max} = v_0 \sqrt{\frac{0{,}5}{1\,080\,000}} \cdot 0{,}837$$

$$= 0{,}5 \cdot 0{,}00068 \cdot 0{,}837 = 0{,}000285\,\text{m} = \mathbf{0{,}285\,mm}\,.$$

Dieser Formänderung entspricht eine Druckbeanspruchung der Steuerstange von $0{,}000285 \cdot 1\,080\,000 = 308\,\text{kg/cm}^2$.

Das rechnerische Ergebnis ist nach mehreren Seiten hin bemerkenswert.

Zunächst weist die kurze Schwingungsdauer von 0,00178 Sekunden für einen vollen Bogen darauf hin, daß die freien Schwingungen eine sehr hohe Frequenz besitzen. Daraus geht hervor, daß die erzwungene Schwingung des Ventiles mit der Erregerschwingung fast identisch ist. Eine Bestätigung hierfür gibt die geringe Auslenkung des Ventiles aus der Ruhelage durch den ersten Stoß mit $z = 0{,}285$ mm. Die Amplituden der während des Kraftschlusses auch später noch vorhandenen Eigenschwingungen um den stationären Bewegungszustand können die erste, durch den Stoß erzeugte Auslenkung nicht übertreffen.

Aus dem negativen Vorzeichen von v_2 kann geschlossen werden, daß dem ersten Stoß noch mehrere folgen müssen. Denn die Masse M_2 stößt nach der Trennung wieder auf den Nocken und wird dadurch neuerdings zurückgeworfen. Nimmt man Nocken und Laufrolle, die beide gehärtet sind, als vollkommen starr an, so kann beim zweiten Stoß die Geschwindigkeit, mit der die Masse M_2 vom Nocken abfliegt, höchstens $= -v_2 = 0{,}2$ m/sek betragen, also nur einen Bruchteil der Geschwindigkeit v_0 beim ersten Stoß. Daß der Stoßpunkt der Daumenflanke bei den folgenden Stößen einen theoretisch größere Geschwindigkeit besitzt als anfänglich, ist praktisch belanglos, nachdem die Geschwindigkeitsänderung des paarenden Nockenpunktes wegen der geringen Unterbrechungsdauer des Kraftschlusses im Vergleich zu der Geschwindigkeitsänderung $\frac{v_2}{v_0}$ der Masse M_2 sehr klein ist. Die Impulse der späteren Stöße nehmen folglich rasch ab, so daß die Beruhigung des Steuerungssystems im allgemeinen nach verhältnismäßig kurzer Zeit eintritt.

Bedenkt man noch zum Schluß, daß trotz des übertrieben groß gewählten, in der Praxis wohl nie auftretenden Ventilspieles die Beanspruchung der Steuerstange noch weit unter den im Maschinenbau zulässigen Grenzwerten liegt, so läßt sich zusammenfassend aus dem durchgeführten Rechnungsbeispiel folgern:

Es ist keine Veranlassung gegeben, beim Entwurf oder für die Untersuchung eines Nockens von der Voraussetzung vollkommen starrer

Steuerteile abzugehen. Die Abweichungen von den theoretischen Weg-Geschwindigkeits- und Beschleunigungsverhältnissen als Folge der im Gestänge auftretenden Formänderungen sind für richtig eingestellte Ventilhubspiele praktisch belanglos.

Bezüglich der dynamischen Wirkungen des Ventilhubspieles zeigt Gleichung (74) und (75), daß die Formänderungen und sinngemäß auftretenden Kräfte um so größer ausfallen, je größer die Geschwindigkeit v_0 wird. Da diese direkt proportional dem Hubspiel ist, so soll jenes nicht weiter gehalten werden, als es ein sicherer Ventilschluß bei kalter und betriebswarmer Maschine erfordert. Es bleiben dann nicht nur die Gestängebeanspruchungen, sondern auch die Flächenpressungen zwischen Nocken und Lenkerrolle niedrig, wodurch die Lebensdauer dieser Teile erhöht wird. Dies gilt besonders für Schnelläufer.

Wie die letzten Untersuchungen gelehrt haben, wird das Auftreten unendlich großer Massenkräfte im Steuerungssystem als Folge des Ventilhubspieles dadurch vermieden, daß das Ventil nicht sofort der theoretischen Zeitwegkurve folgt, sondern daß der Übergang in die Erhebungskurve durch Schwingungen geschieht, die sich um den stationären Bewegungszustand des Ventiles lagern. Die Geschwindigkeitsaufnahme erfolgt deshalb mit endlichen Beschleunigungswerten.

Andererseits hat sich gezeigt, daß durch das Ventilhubspiel das Entstehen von Stoßdrucken zu Beginn der Hubbewegung unvermeidlich ist. Die Kraftwirkungen in der Steuerung übertreffen deshalb die theoretisch errechneten Werte erheblich, da sich bei den gebräuchlichen Nockenausführungen Stoßdrucke und Massenkräfte summieren. Nachdem betriebstechnisch auf das Ventilhubspiel nicht verzichtet werden kann, fragt es sich, ob nicht wenigstens die Addition der Stoß- und Massenbeschleunigung zu umgehen ist.

Diese Frage ist mit einer gewissen Einschränkung zu bejahen. Nimmt man nach dem Vorschlag von Leist[1]) eine bestimmte Stoßbeschleunigung an und setzt für das Zeitintervall, in welchem der Zwangsschluß hergestellt wird, die Steuerungsbeschleunigung gleich Null, so treffen bei einem solchen aus der Beschleunigungskurve „rückwärts" konstruierten Nockenprofil die Stoß- und Massenkräfte zeitlich nicht zusammen. Voraussetzung ist, daß hierbei das Profilstück mit der Beschleunigung Null dem Ventilhubspiel entsprechend richtig gewählt ist. Der Vorschlag Leists krankt jedoch daran, daß es nach früherem unmöglich ist, über die Größe der Stoßbeschleunigung Näheres auszusagen. Von der Größenannahme der Stoßbeschleunigung hängt aber die Formgebung des Nockenprofilstückes mit der Beschleunigung Null ab, woraus hervorgeht, daß die theoretisch einwandfreie Lösung praktisch nicht durchführbar ist. — Hingegen scheint es zweckmäßig zu sein, die Form des

[1]) Leist: a. a. O., S. 528.

Nockens so zu wählen, daß die Beschleunigung des Steuerungssystemes in dem Zeitraum, in welchem der Stoß entstehen muß, tunlichst niedrig gehalten wird. Das ist dadurch möglich, daß man zwischen unterer Rast und der Anhubflanke stets ein Kreisbogenstück einschaltet, dessen Radius kleiner als der des anschließenden Flankenstückes, aber größer als der Halbmesser des unteren Ruhekreises ist. Einen solchen

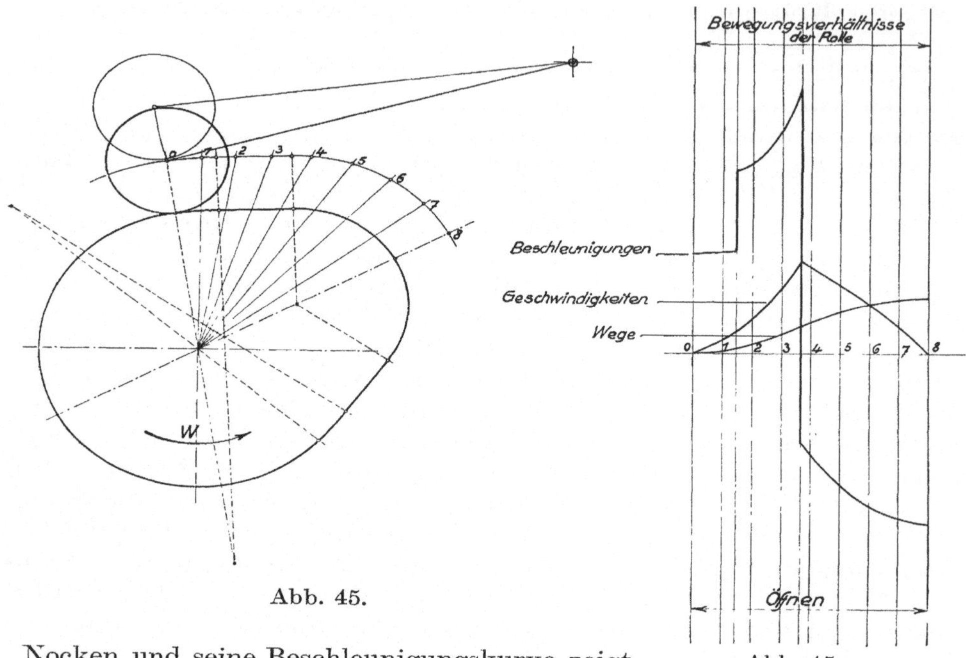

Abb. 45.

Abb. 45 a.

Nocken und seine Beschleunigungskurve zeigt Abb. 45 und Abb. 45a. Das Auflaufstück ist so lang zu halten, daß der Stoß mit Sicherheit in diesen Zeitabschnitt fällt. Die Kraftwirkungen in dem Steuerungsgestänge eines so geformten Nockens sind im Augenblick des Eröffnens und Schließens kleiner, als wenn die Hubflanke unmittelbar tangential in die untere Rast einmündet. Wenn das Zwischenstück durchlaufen ist, setzt anschließend der Hauptteil der Beschleunigung ein, und zwar ohne Stoß. Es steht dabei kein Hindernis im Wege, den restlichen Teil des Daumens nach dem Gesetz der harmonischen Schwingung auszubilden[1]).

[1]) Der sanfte Verlauf der Wege-Geschwindigkeits- und Beschleunigungskurven eines nach dem Gesetz der harmonischen Schwingung geformten Nockens hat für den Konstrukteur etwas Bestrickendes. Die infolge des Ventilhubes entstehenden Stoßdrucke summieren sich aber bei einem solchen Daumen zu den Maximalwerten der Massenkräfte, die hier gerade im Augenblick des Eröffnens und Schließens vorhanden sind. Durch das Einschalten des Zwischenstückes werden die Kraftverhältnisse wesentlich besser, wenn auch die Formenschönheit der Beschleunigungskurve leidet.

Die im Abschnitt V 2 behandelten Bewegungsverhältnisse sind nicht nur den Nockensteuerungen eigen, sondern finden sich in mehr oder minder auffälligem Maße bei allen Steuerungsausführungen, nachdem der ungleichen Wärmedehnung halber zur Gewährleistung eines sicheren Ventilschlusses ein kleines Hubspiel stets vorhanden sein muß.

VI. Mittel und Wege, die Wirkungen des Wärmedehnungsunterschiedes zwischen äußerer Steuerung und Maschinenkörper auf die Steuereingriffe auszuschalten.

Es liegt der Gedanke nahe, nach konstruktiven Mitteln zu suchen, durch die der Einfluß der Betriebswärme auf die Steuereingriffe ausgeschaltet werden kann.

Ein eventuelles Bedürfnis hierfür ist allerdings nach Abschnitt IV nur bei den Brennstoffventilen der Gleichdruckmotoren vorhanden, bei denen die ungleiche Wärmedehnung zwischen Steuerung und Maschinenkörper den Verlauf der Betätigung des Einblaseventiles merklich verändert und das Betriebsverhalten der Maschine ungewollten Erscheinungen unterwirft. Im besonderen Maße erfordert aber der immer mehr Bedeutung gewinnende Teerölmotor mit Zündölvorlagerung, der nach S. 64 besonders empfindlich gegen Zündpunktverlegung ist, ein konstruktives Bekämpfen jener Übel.

Aus den Ausführungen des Abschnittes III ist zu entnehmen, daß die unbeabsichtigte Größenänderung des Einblasewinkels sowie Verschiebung des Zündpunktes hauptsächlich durch die Verengung oder Erweiterung des Nadelspieles verursacht wird und einerseits die Folge des Streckens der Brennstoffnadel, andererseits die des Wärmedehnungsunterschiedes zwischen äußerer Steuerung und Maschinenkörper ist. Dabei hat sich gezeigt, daß die Längenveränderung der Nadel stets Vorteile bringt, indem die bei untenliegender Nockenwelle durch die Steuerungsbauart bedingte Spielverengung einen gewissen Ausgleich erfährt, während bei der obenliegenden Welle durch die sie charakterisierende Spielerweiterung das Entstehen von Drucksteigerung im allgemeinen vermieden wird.

An liegenden Motoren lassen sich die gleichen Beobachtungen machen.

Es wäre somit ungeschickt, das Strecken der Brennstoffnadel durch irgendein konstruktives Mittel verhindern oder ausgleichen zu wollen. Für den praktischen Betrieb kann es sich nur darum handeln, lediglich die Dehnungsunterschiede zwischen äußerer Steuerung und Maschinenkörper hinsichtlich ihrer Wirkungen auf die Steuerabschnitte auszuschalten. Denn die im Abschnitt IV besprochenen Übelstände waren bei allen Steuerungsbauarten nur durch die ungleichen Längenänderungen dieser Teile verursacht worden.

Es gibt im Prinzip zwei Lösungen, um eine ungewollte Beeinflussung des Nadelspieles zu verhindern, indem man

a) auf mechanischem Wege aus der ungleichen Wärmedehnung zwischen Maschinenkörper und äußerer Steuerung eine Exzenter- oder Hebelbewegung ableitet, welche die äußere Steuerung stets in die relativ gleiche Lage zum treibenden Nokken und angetriebenen Ventil zurückführt,

b) auf thermischem Wege das Entstehen von axialen Wärmedehnungsunterschieden zwischen Maschinenkörper und äußerer Steuerung überhaupt verhindert, derart, daß das Steuerungsgestänge die Streckung des Maschinenkörpers mitmacht.

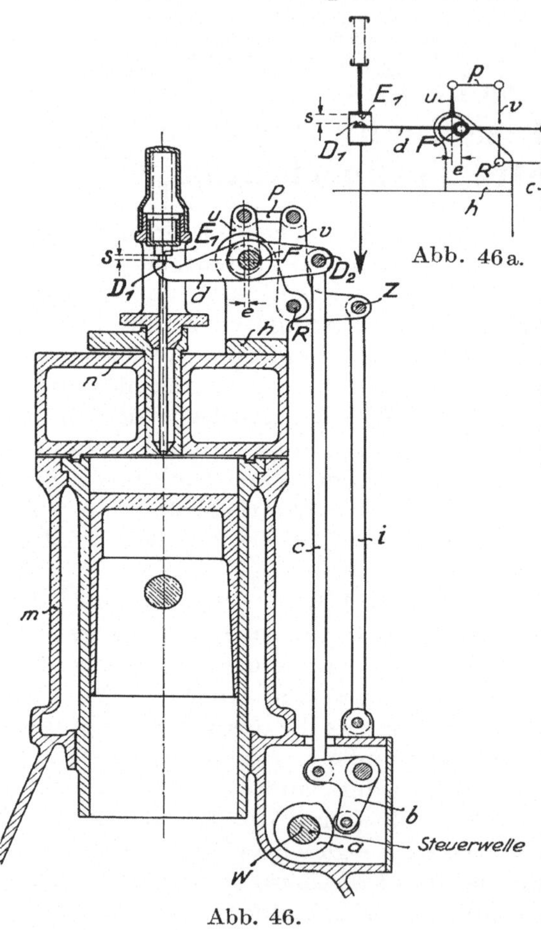

Abb. 46a.

Abb. 46.

An Abb. 46 mit 50 sollen Bauart und Wirkungsweise einiger nach obigen Prinzipien arbeitenden „Ausgleichsteuerungen" (Ausführung für stehende Motoren) besprochen werden.

Zu a) Mechanische Ausgleichsteuerungen.

Abb. 46 zeigt an einer bereits auf S. 43 beschriebenen Gleichdruckmaschine Bauart Güldner eine Vorrichtung, bei der durch die ungleiche Längendehnung von Zylindermantel m und -deckel n einerseits und einem der Betriebswärme wenig ausgesetzten Hilfsgestänge i andererseits eine Bewegung zur Verstellung des Drehpunktes F des Brennstoffhebels d ausgelöst wird

Während bei zunehmender Erwärmung der Maschine der Angriffspunkt Z der Stange i am Winkelhebel v seine Lage unverändert beibehält, wird der im Bock h gelagerte Drehpunkt R um das Maß der Längendehnung Δx von Zylindermantel und -deckel gehoben und dadurch der nach oben gerichtete Schenkel des Winkelhebels v nach rechts bewegt. Diese Bewegung wird durch Stange p auf den Hebel u übertragen, der den exzentrisch gelagerten Drehpunkt F des Hebels d entsprechend der ausgeführten Exzentrizität e um $\frac{\varDelta x}{2}$ nach abwärts dreht. Gleichzeitig ist aber auch der Drehpunkt F um die axiale Längendehnung $\varDelta x$ des Maschinenkörpers gehoben worden. Es verbleibt somit eine resultierende Aufwärtsbewegung des Drehpunktes F von $\frac{\varDelta x}{2}$, die sich für den inneren Ventilhebelpunkt D_1 wegen der gleichen Hebelarme $D_1 F = F D_2$ und des in seiner mittleren Lage unverändert bleibenden äußeren Angriffspunktes D_2 auf $\varDelta x$ übersetzt. Um $\varDelta x$ ist aber auch die Nadelangriffsfläche E_1 in die Höhe gegangen. Deshalb bleibt das Ventilspiel s unter Vernachlässigung der Nadelstreckung unverändert.

Durch die beschriebene Steuerung kann nicht nur die Verengung des Spieles s zwischen Hebelpunkt D_1 und Nadelangriffspunkt E_1 vermieden, sondern sogar durch geeignete Wahl des Übersetzungsverhältnisses oder einer größeren Exzentrizität e des Drehpunktes F eine Erweiterung des Spieles in gewünschtem Maße erzielt werden.

In Tafel 3 ist eine Reihe von Diagrammen abgebildet, die an dem gleichen Motor aufgenommen wurden, von dem auch die Diagramme der Tafel 1 herstammen. Die Betriebsverhältnisse waren hier wie dort die gleichen, jedoch mit dem Unterschied, daß bei Tafel 3 die Ausgleichvorrichtung eingeschaltet war. Die Verbrennungsenddrucke nahmen deshalb nicht zu, da sich entsprechend der ausgeführten Exzentrizität das Nadelspiel trotz der Streckung des Maschinenkörpers nicht verengte. Das Anfahrspiel betrug am kalten Motor 0,6 mm bei einem Einblasewinkel von 1,5 ° vor i. T. bis 36 nach i. T. Abgestellt wurde nach Eintritt der vollen Betriebswärme bei 75 ° C Kühlwasseraustritt aus dem Zylinderdeckel. Das Nadelspiel war wiederum 0,6 mm, der Einblasewinkel demnach unverändert. (Zahlentafel 5.)

Das Ergebnis lehrt, daß ein vollkommener Ausgleich des Wärmedehnungsunterschiedes zwischen Motorkörper und äußerer Steuerung bei der untersuchten Maschine nicht vorhanden war, da die zusätzliche Nadelstreckung ein größeres Spiel hätte ergeben müssen. Es wäre aber durch Verstellen der Exzentrizität ohne weiteres möglich gewesen, auch einen vollkommenen und sogar „Über"ausgleich bei vergrößertem Spiel zu schaffen.

Die beschriebene Vorrichtung läßt sich auch an Dieselmotoren mit obenliegender Nockenwelle verwerten. Die Hilfsstange i ist dann zweckmäßig als ein am Zylindermantelbund zu befestigender, kurzer Hebel auszubilden. Auf einen „Überausgleich" wird man im allgemeinen verzichten, es müßte denn sein, daß damit der Einfluß der Steuerwellenverdrehung ausgeschaltet werden soll.

Eine andere mechanische Ausgleichsteuerung beschreibt das französische Patent Nr. 104 028 aus dem Jahre 1908.

Diese Steuerung ist in Abb. 47 und 47 a dargestellt. Der auf der untenliegenden Steuerwelle aufgestellte Nocken a arbeitet auf die Rolle R des Lenkers l, der über die Steuerstange c und den Umkehrhebel d die vom Nocken aufgenommene Bewegung an das Einblaseventil e weitergibt. Der Lenker l ist nun nicht, wie sonst gebräuchlich, unmittelbar im Steuerkasten drehbar gelagert, sondern seine Drehachse MM befindet sich auf dem Gabelhebel g, der um die am Steuerkasten befestigte Achse NN schwingen kann. In der Mitte des Lenkers l greift im Punkt A die Steuerstange c an, während der Gabelhebel g mittels der beiden Zapfen ZZ und eines entsprechend ausgebildeten Kopfes am Rohr r aufgehängt ist, das oben in einem auf dem Zylinderdeckel befestigten Bock i festgehalten wird und über die Steuerstange c geschoben ist.

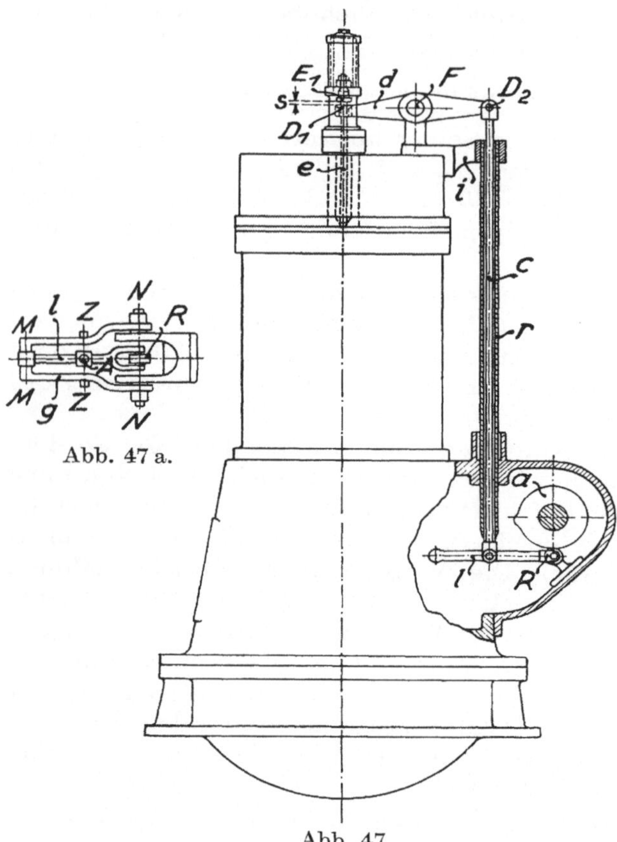

Abb. 47 a.

Abb. 47.

Der ebenfalls gleicharmig ausgeführte Gabelhebel g besitzt dieselbe Länge wie der Lenker l und beide sind so zusammengebaut, daß sich ihre Mittellinien decken.

Wenn nun während der Erwärmung des Maschinenkörpers der Ventilhebeldrehpunkt F beispielsweise um Δx gehoben wird, so tritt, wie bekannt ist, infolge des in seiner mittleren Lage verharrenden äußeren Ventilhebelpunktes D_2 eine Ventilspielveränderung Δs um $2 \cdot \Delta x$ ein. Diese Spielveränderung wird vermieden, falls der äußere Hebelpunkt D_2 ebenfalls um die Längendehnung Δx nach oben wandert und die Lenkerrolle R ihre Lage gegenüber dem Nocken a ständig beibehält. Das erreicht die französische Erfindung durch folgende Tätigkeit des beschriebenen Steuerungssystems:

Während des Betriebes wird der obere am Zylinderdeckel befestigte Kopf des Rohres r um die axiale Längendehnung Δx des Maschinenkörpers gleichzeitig gehoben und damit auch die Zapfen $Z Z$ des Gabelhebels g. Dadurch wandert die Achse $M M$ des Lenkers l um $2 \Delta x$ nach aufwärts und der Angriffspunkt c der Steuerstange A, nachdem die Rolle R durch den Nocken festgehalten ist, um Δx. Somit hebt sich auch der obere Steuerstangenkopf D_2 um Δx, wodurch die Längendehnung in bezug auf den Steuerungseingriff ausgeschaltet ist. Die Streckung der Brennstoffnadel ist auch bei dieser Steuerung unberücksichtigt, könnte aber durch geeignete Wahl der Hebelverhältnisse ausgeglichen werden.

Abb. 48 a.

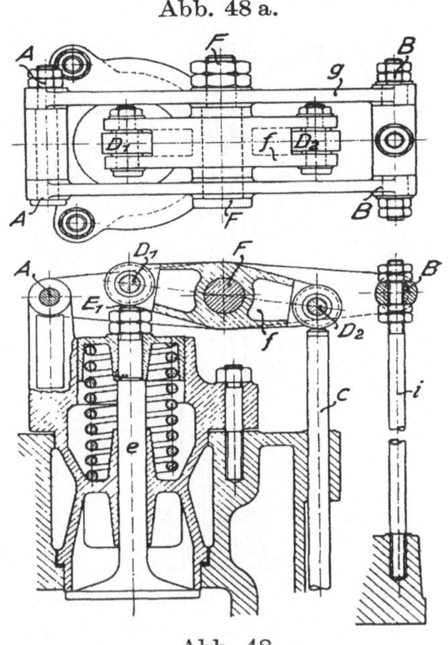

Abb. 48.

Nach denselben Gesichtspunkten arbeitet eine englische Erfindung, Patent Nr. 123161, erteilt am 14. Februar 1919.

In Abb. 48 und 48a[1]) ist der eigentliche Ventilhebel f nicht unmittelbar auf dem Zylinderkopf aufgesetzt, sondern ruht mit dem Drehbolzen $F F$ in einem sogenannten „Ausgleichhebel" g, dessen Ende $B B$ am Hilfsgestänge i befestigt ist, während das Ende $A A$ in dem Bock h auf der Ventillaterne lagert. Das Hilfsgestänge i ist in dem untenliegenden Steuerkasten oder Ständer eingeschraubt und durch seine entfernte Lage zum Verbrennungsherd ebensowenig Längendehnungen unterworfen wie die Steuerstange c.

Wenn sich nun der Punkt A während der Entwicklung der Betriebswärme um Δx hebt, der Punkt B aber seine Lage beibehält, so steigt die in der Mitte gelegene Drehachse $F F$ nur um $\frac{\Delta x}{2}$ nach aufwärts. Andererseits bleibt aber auch der äußere Angriffspunkt D_2 des Ventilhebels f, wegen der unveränderlichen Länge der Stange c in seiner mitt-

[1]) Das dort eingezeichnete Ventil öffnet nach innen, wie allgemein alle Ein- und Auslaßventile. Es gibt aber auch Brennstoffventile, die nach innen öffnen, wie sie z. B. Deutz an den Bronsmotoren, A. E. G. und Burmeister und Wain an Gleichdruckmaschinen bauen. Es eignet sich somit die Ausgleichsteuerung nach Abb. 48 und 48a auch für solche Brennstoffventile.

leren Lage, so daß durch das Ansteigen der Drehachse FF um $\frac{\Delta x}{2}$ bei der Ausführung der Hebelarme $D_1 F = F D_2$ der innere Angriffspunkt D_1 um Δx nach oben wandert. Um dieses Maß hat sich gleichzeitig auch der Ventilkegelangriffspunkt E_1 durch das Strecken des Maschinenkörpers gehoben. Sinngemäß können auch bei dieser Steuerung keine Spielveränderungen durch die ungleichen Wärmedehnungen von Maschinenkörper und äußerer Steuerung auftreten.

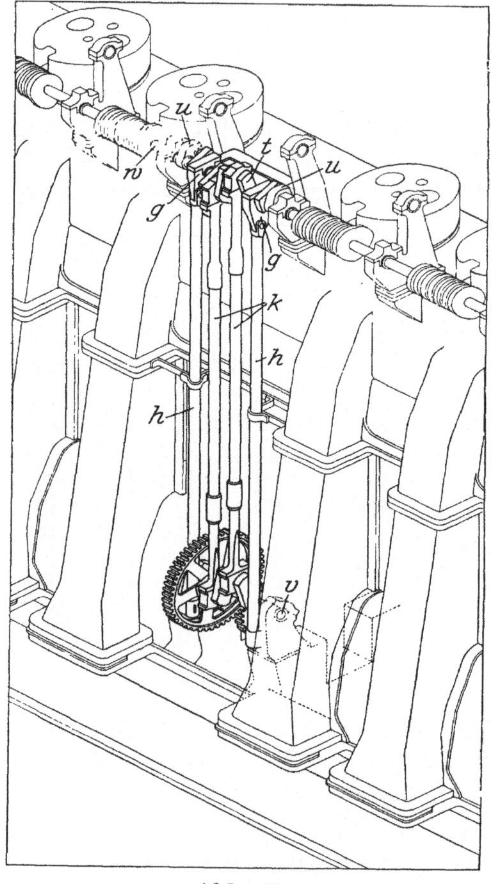

Abb. 49.

Die bauliche Ausführung des englischen Patentes dürfte bei Dieselmaschinen auf Schwierigkeiten stoßen, weil bei diesen die Ventile in der Regel in der zur Kurbelwelle gleichlaufenden Zylindermittellinie sitzen, wodurch die Ventilhebel sehr lang ausfallen. Der doppelt so lange Ausgleichhebel wird deshalb sehr unhandlich und stört dadurch die Zugänglichkeit zum Zylinderkopf.

Eine Ausgleichsteuerung mit besonders eigenartigem Antrieb der Steuerwelle bauen die Deutschen Werke Kiel (Abb. 49).

Die obenliegende Nockenwelle w erhält ihre Drehbewegung von einer zweifach gekröpften, mit ihr gekuppelten Welle t, die von einer untenliegenden Vorgelegewelle v durch zwei Kurbelstangen k angetrieben wird. Die Steuerkurbelwelle t ruht in den beiden Schwinglagern g, die einerseits am Zylinderkopf in Gelenken senkrecht beweglich angeordnet, andererseits durch zwei Stellstangen h mit dem Maschinenständerfuß verbunden sind. Nocken- und Steuerkurbelwelle sind durch die Oldhamschen Kupplungen u (Schleppkurbeln) miteinander verbunden.

Die Wirkungsweise der Ausgleichsteuerung ist ohne weiteres verständlich. Da sich die Stellstangen h während des Betriebes nicht erwärmen, bleibt die Steuerkurbelwelle stets in gleicher Höhenlage zur Vorgelege- und Maschinenkurbelwelle. Die Nockenwelle w hingegen macht die Längenstreckung des Maschinenständers während der Entwicklung der Betriebswärme mit. Nachdem die dabei auftretenden Relativbewegungen zwischen Nocken- und Steuerkurbelwelle, welche durch den Einbau der Oldhamschen Kupplungen möglich sind, auf die Steuertätigkeit der Ventile keinen Einfluß haben, ist somit der Ausgleich der Wärmedehnungsunterschiede zwischen äußerer Steuerung und Maschinenkörper für jeden Betriebszustand gewährleistet.

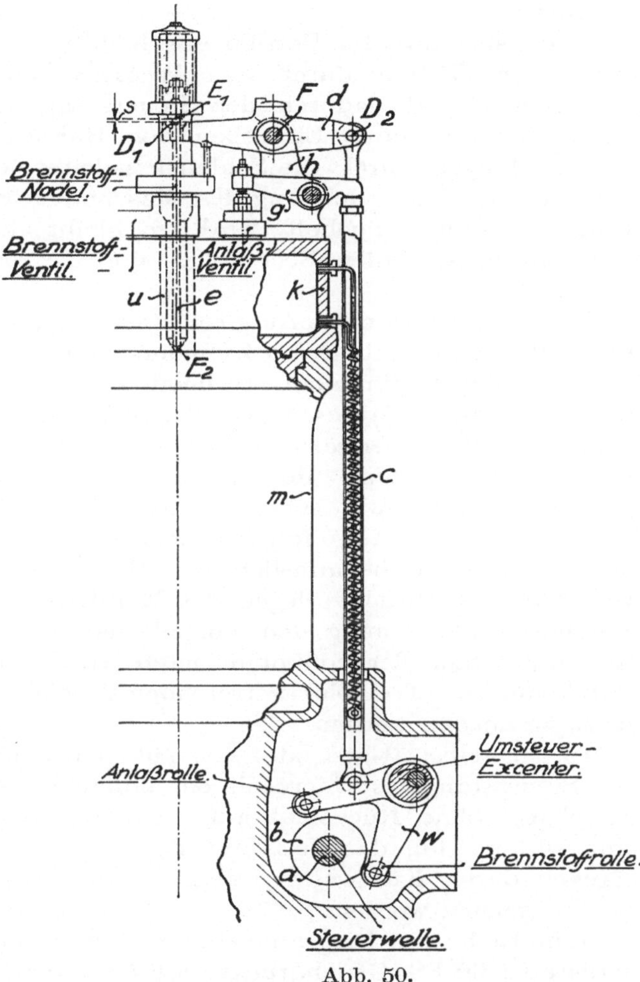

Abb. 50.

Zu b) Thermische Ausgleichsteuerung (Abb. 50).

Im Gegensatz zu Abbild. 17 ist die Steuerstange c nicht als volle Stange, sondern als Rohr ausgebildet, in dessem mit Öl gefüllten Innenraum sich eine spiralförmig gewundene Heizschlange aus Kupfer befindet. Diese ist in zwei Bohrungen des Zylinderdeckels mittels Nippel und Überwurfmutter derart eingeschraubt, daß das Kühlwasser aus dem Deckelhohlraum nur durch den unteren, unmittelbar über dem heißen Deckelboden liegenden Anschluß in die Heizschlange fließen kann. Der untere Nippel ist gleichzeitig zur Drosselung des Wasserumlaufes als Hahn ausgebildet; von dem oberen führt ein Rohrstück zu einem in der Kühlwasserabflußleitung eingebauten Ejektor (Trichter). Zur Vermeidung elastischer Zwischenglieder, die wegen der Relativbewegung zwischen

Steuerstange und Zylinderdeckel oder Heizschlange notwendig wären, ist die Steuerstange an der Ein- und Austrittsstelle der Schlange geschlitzt. Dadurch ist es möglich, den Heizkörper unmittelbar am Zylinderdeckel aufzuhängen, ohne die Hubbewegung der Stange zu behindern.

Wenn sich nun im Betrieb das Kühlwasser erwärmt, so wird ein Teil dieser Wärme durch den Wasserumlauf in der Heizschlange dem Ölbade und dadurch der Steuerstange mitgeteilt. Wird dabei durch entsprechendes Einstellen des Hahnes das heiße Wasser in solchen Mengen durch die Schlange geleitet, daß in jedem Betriebszustande die Wärmedehnung des Maschinenkörpers durch die Steuerstangendehnung eingeholt wird, so bleibt die Betätigung des Einblaseventiles bei allen Belastungs- und Temperaturverhältnissen unverändert.

Dabei gestattet diese Ausgleichsteuerung, nicht nur das Nadelspiel während der Streckung des Zylinders konstant zu halten, sondern es ist sogar möglich, durch entsprechende Beschleunigung oder Verzögerung des Heißwasserumlaufes in der Schlange die Steuerstange mehr oder weniger stark zu erwärmen und auszudehnen, als es der Ausgleich der Längenänderung des gesamten Zylinders erfordern würde. Es kann somit, wie sonst nur bei obenliegender Steuerwelle, mit kleinstem Nadelspiel, folglich frühester Ventilöffnung angefahren werden, wodurch bekanntlich der Motor leicht anspringt. Andererseits hat das Zurückverlegen des Einblase- oder Zündpunktes durch gesteigerte Erwärmung den Vorteil, daß die in der betriebswarmen Maschine wegen der vollkommeneren, sowie rascheren Vergasung und Entzündung des Treiböles auftretenden Drucksteigerungen und Gestängestöße vermieden werden.

In der selbsttätigen oder von außen beeinflußten Längenänderung der Steuerstange ist hiernach ein einfaches Mittel gegeben, auf das Nadelspiel ohne Rücksicht auf die Streckung des Maschinenkörpers einzuwirken. Für das Verfahren ist es dabei belanglos, ob die Steuerstangen durch Kühlwasser, Abgase, elektrische oder andere Wärmequellen geheizt werden.

Eine Reihe von Diagrammen, die an einer mit obiger Steuerung ausgerüsteten 60-PS_e-Gleichdruckmaschine aufgenommen wurden, enthält Tafel 4. Die infolge des eingestellten „Überausgleiches" entstehende Spielerweiterung und Zündpunktverlegung ist an der abfallenden Verbrennungslinie und charakteristischen Spätzündungsspitze deutlich zu ersehen. Das Anfahrspiel war bei kaltem Motor 0,6 mm und nach Abstellen bei einer Kühlwassertemperatur von 85° C auf 1,0 mm erweitert. Eingeblasen wurde anfänglich 2° vor, gegen Ende des Betriebes 2° nach i. T. (Zahlentafel 5.)

Zu c) Steuerung mit teilweisem Ausgleich der Wärmedehnungsunterschiede.

Zum Schluß möge noch auf eine Brennstoffventilsteuerung verwiesen werden, welche die Güldner-Motoren-Ges. Aschaffenburg neuerdings an ihren Gleichdruckmaschinen verwendet.

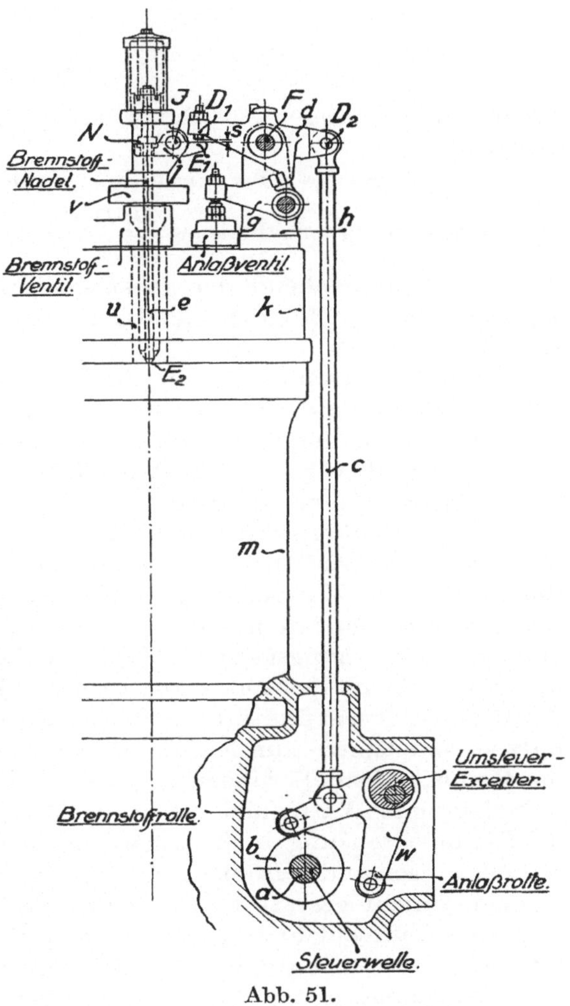

Abb. 51.

Diese Steuerung ist keine Ausgleichsteuerung im strengen Sinne der letzten Ausführungen; da sie aber einen teilweisen Ausgleich der Wärmedehnungsunterschiede bewirkt, soll sie ebenfalls in diesem Abschnitt Erwähnung finden.

In Abb. 51 arbeitet die vom Nocken *b* durch den Winkelhebel *w* geführte Steuerstange *c* nicht unmittelbar mit dem Hebel *d* auf die Brennstoffnadel *e*, sondern unter Einschaltung eines kleinen Hebels *l*, dessen Drehpunkt *J* im Brennstoffventilgehäuse gelagert ist. Da die Brennstoffnadel, wie üblich, nach außen öffnet, ist die Steuerstange *c* im Gegensatz zur Abbild. 17, während der Hubbewegung auf Druck beansprucht.

Während der Erwärmung des Maschinenkörpers wird der Hebeldrehpunkt *F* um die Längendehnung Δ_m des Zylindermantels *m*, Δ_k des Zylinderkopfes *k* und Δ_h des Hebelbockes *h* gehoben, wodurch der innere Angriffspunkt D_1 des Hebels *d*, nachdem der äußere Angriffspunkt D_2 aus den bekannten Gründen in seiner mittleren Höhenlage verharrt, um $(\Delta_m + \Delta_k + \Delta_h) \cdot \frac{\overline{D_1 D_2}}{\overline{F D_2}}$ nach oben wandert. Gleichzeitig bewegt sich aber auch der Drehpunkt *J* des Hebels *l* um die Längenstreckung $(\Delta_m + \Delta_u + \Delta_v)$

nach aufwärts, wenn Δ_v die Wärmedehnung des Brennstoffventiloberteiles, gemessen vom Zylinderdeckel bis Drehpunkt J, und Δ_u die des Brennstoffventilunterteiles bedeuten soll.

Die resultierende Spielveränderung ist demnach

$$\Delta_s = \left[(\Delta_m + \Delta_k + \Delta_h) \cdot \frac{\overline{D_1 D_2}}{\overline{F D_2}}\right] - (\Delta_m + \Delta_u + \Delta_v) \,. \tag{78}$$

unter der vorläufigen Annahme, daß die Nadelstreckung $\Delta_e = \Delta_u + \Delta_v$ sein soll.

Δ_s wird positiv, nachdem der Zahlenwert der eckigen Klammer wegen des Hebelverhältnisses $\frac{\overline{D_1 D_2}}{\overline{F D_2}} = 2$, größer als der des Subtrahenden ist. Entsprechend der gegenseitigen Lage der Berührungspunkte D_1 und E_1 nimmt folglich mit der Erwärmung der Maschine das Ventilspiel zu.

Hierin unterscheidet sich die Steuerung nach Abb. 51 zunächst grundsätzlich von der älteren Ausführung (Abb. 17), bei der bekanntlich nach Einsetzen der Betriebswärme eine Nadelspielverengung eintritt. Diese muß aber nach Abschnitt IV, c_1 für ortsfeste Maschinen als nachteilig bezeichnet werden.

In Wirklichkeit trifft nun die Voraussetzung $\Delta_e = \Delta_u + \Delta_v$ nicht zu. Denn während die Nadel e nur mit einem ganz kleinen Teil ihrer Spitze in den Verbrennungsraum hineinragt, stößt das Brennstoffventilunterteil mit dem ganzen Düsenkopf und der Düsenplatte auf die heißen Verbrennungsgase und wird dadurch, weil die von den Gasen umspülte Fläche des Düsenkopfes einschließlich Platte zur Oberfläche des Brennstoffventilunterteiles verhältnismäßig viel größer ist als die der kurzen Nadelspitze zur Nadeloberfläche, erheblich stärker erwärmt als die Brennstoffnadel. Überdies geben auch die heißen Auspuffgase nicht unbedeutende Wärmemengen an das Brennstoffventilunterteil ab, weil die Raumbegrenzung des Zylinderdeckels das Unterbringen eines Wasserraumes zwischen der Bohrung des Auslaß- und Brennstoffventiles im allgemeinen nicht gestattet. Da das ungekühlte Brennstoffventilunterteil wegen der Luftschicht zwischen Nadel und Unterteil, welche die Einblaseluft bei jedem Arbeitsspiel neuerlich bildet, nicht in der Lage ist, erhebliche Wärmemengen mit der Nadel auszutauschen, so streckt sich das Brennstoffventilunterteil stärker als die Nadel. Der im Oberteil gelagerte Drehpunkt J wird deshalb höher gehoben, als der Nadelbund N. Dadurch bewegt sich der Angriffspunkt E_1 des kleinen Umkehrhebels l bei gleicharmiger Ausführung beipielsweise um das Doppelte dieses Dehnungsunterschiedes nach oben und nähert sich damit dem Angriffspunkt D_1 des Ventilhebels, auf diese Weise das in der Zwischenzeit zwischen D_1

und E_1 entstehende Spiel teilweise ausgleichend. Durch geeignete Wahl der Übersetzung des Hebels l kann dieser Ausgleich sehr bemerkbar gemacht werden. Bezeichnet man den Dehnungsunterschied zwischen $(\Delta_u + \Delta_v)$ und Δ_e mit Δ_x, so ist die Spielveränderung nach der Steuerung Abb. 51

$$\Delta_s = \left[(\Delta_m + \Delta_k + \Delta_h) \cdot \frac{\overline{D_1 D_2}}{\overline{F D_2}}\right] - \left[(\Delta_m + \Delta_u + \Delta_v) + \Delta_x\right] \frac{\overline{N E_1}}{\overline{J E_1}}, \quad (79)$$

also um den Betrag $\Delta_x \cdot \frac{\overline{N E_1}}{\overline{J E_1}}$ kleiner als bei der Steuerungsanordnung nach Abb. 17.

Das Verhalten der zuletzt beschriebenen Steuerung ist vom Anfahren bis zur Wärmebeharrung in bezug auf die Nadelspieländerung dem der Hochdruckmaschinen mit obenliegender Nockenwelle ähnlich. Der Motor läuft im kalten Zustand ohne Nadelspiel, d. h. mit Frühzündung an, wodurch die Maschine sicher anspringt; nimmt die Betriebswärme und dadurch die Zündgeschwindigkeit des Ölluftgemisches zu, so verspätet sich durch die Erweiterung des Ventilspieles selbsttätig das Eröffnen der Brennstoffnadel. Drucksteigerungen werden dadurch vermieden. Im Gegensatz zu den M. A. N.-Typen ist aber die Spielveränderung auch bei den höchsten Temperaturen des Maschinenkörpers stets gleichsinnig, d. h. zunehmend.

Ein Satz Diagramme, aufgenommen an einer 85 PS Gleichdruckmaschine mit obiger Steuerung enthält Tafel 5. Man sieht, daß sich die Verbrennungslinie von Diagramm Nr. 2—10 (25° C bis 74° C Kühlwasseraustritt) infolge der geringen Nadelspielerweiterung nur unwesentlich verändert hat. Der von Diagramm Nr. 1—4 vorhandene stärker abgerundete Übergang der Verbrennungs- in der Expansionslinie ist auf die zu Beginn des Betriebes noch unvollkommene Verbrennung mangels genügender Zylinderwandungswärme zurückzuführen.

Das Nadelspiel im beharrungswarmen Zustande betrug bei 74° C Kühlwasseraustritt 0,35 mm, beim Anfahren 0,05 mm; die Veränderung lag folglich weit unter den Werten der Brennstoffsteuerungen älterer Ausführung. (Zahlentafel 5.)

Zu d) Das Verdrehen der Nockenwelle, das an Dieselmotoren Bauart M. A. N. u. a., sowie an Verpuffungsmotoren mit obenliegender Steuerwelle zu beobachten ist, kann durch axial verschiebbares Anbringen des oberen oder unteren Schraubenrades auf der Regulatorwelle vermieden werden. Dem gleichen Zwecke würde eine zweiteilige Ausführung der Regulatorwelle dienen, wenn beide Teile durch eine Gleitkupplung verbunden werden[1]). Beides läßt sich durch einfachste konstruktive Mittel verwirklichen.

Eine Vereinigung einer der Ausgleichsteuerungen nach Abb. 46 bis Abb. 51 mit einer Ventilkühlung, die beide an jedem Ein- und Auslaßventil angebracht werden könnten, würde eine Einschränkung der Anfahr- und Betriebsspiele auf das praktisch kleinste Maß ermöglichen. Im Interesse bester dynamischer Verhältnisse und vollkommener Ausnützung der Steuereingriffe wäre dies zweifelsohne erwünscht. Die durch eine Ventilkühlung bedingte Verteuerung der Maschine würde jedoch in keinem günstigen Zusammenhang mit den erreichten Verbesserungen stehen, es müßte denn sein, daß es sich um Motoren von großen Zylinderleistungen handelt, wo gekühlte Ventile an und für sich erforderlich sind.

Zusammenfassung.

Die vorliegende Arbeit ist eine Untersuchung der Betriebswärme und ihres Einflusses auf die Steuerungseingriffe der Verbrennungsmaschinen.

Im einleitenden Teil I wird das Wesen der Betriebswärme von thermodynamischen Gesichtspunkten aus erläutert und ein Gesetz über die zeitliche Entwicklung der Betriebswärme auf Grund der Regeln der nichtstationären Wärmeleitung abgeleitet. Ferner werden mehrere Methoden angegeben, die die Größenbestimmung der Betriebswärme ausgeführter Maschinen durch Rechnung oder Versuch ermöglichen.

Im Abschnitt II wird der Einfluß der Betriebswärme auf die inneren Vorgänge im Arbeitszylinder untersucht und hierbei ein Beitrag zur Frage der zusätzlichen Reibung der Verbrennungsmaschinen gegeben.

Der folgende Teil III beschäftigt sich mit der Ermittlung der Einflüsse der Betriebswärme auf die Steuerungsvorgänge der Verbrennungsmaschinen. Nach kurzer Beschreibung der gebräuchlichen Steuerungsanordnungen werden die einzelnen Steuerungsarten auf ihr Verhalten während der Entwicklungszeit der Betriebswärme geprüft und als Ergebnis festgestellt, daß entsprechend ihrer Bauart manche Maschinen Ventilspielerweiterung, andere hingegen Ventilspielverengung oder beides erleiden.

Die betriebstechnischen Folgen dieser Ventilspielveränderungen werden sodann im Abschnitt IV eingehend untersucht, wobei erkannt wird, daß durch sie bedeutungsvolle Wirkungen nur bei den Brennstoffventilsteuerungen von Hochdruckölmaschinen auftreten. Es wird

[1]) Die amerikanische Spiralkegelräderfabrik Gleason empfiehlt den Einbau einer Gleitkupplung in jede vertikale Steuerwelle eines mit ihren Rädern ausgerüsteten Automobil- oder Flugmotors, falls er obenliegende Nockenwelle besitzt. Es scheinen demnach die Spiralkegelräder besonders empfindlich zu sein für Lagenveränderungen der Steuerwelle gegenüber der Kurbelwelle.

jedoch weiterhin festgestellt, daß auch bei Verpuffungsmotoren unerwünschte Erscheinungen auftreten, die aber nicht auf betriebstechnischem, sondern dynamischem Gebiete liegen.

Hierüber gibt Teil V Aufschluß, in welchem eine ausgeführte Steuerung kinematisch und dynamisch geprüft wird. Als Ergebnis zeigt sich, daß durch das Ventilhubspiel in den Steuerungen Stöße auftreten, die zu einer weit höheren Beanspruchung der Steuerungsteile führen, als gebräuchlicherweise bei den theoretischen Berechnungen angenommen wird.

Im letzten Abschnitt werden entsprechend der großen Bedeutung, welche die Spielveränderungen für das Betriebsverhalten der Hochdruckölmaschinen haben, konstruktive Mittel gezeigt, mit denen es möglich ist, die Wirkungen der Wärmedehnungsunterschiede auf die Steuerungseingriffe ganz oder teilweise auszuschalten.

Literaturnachweis.

Föppl, A.: Vorlesungen über technische Mechanik Bd. 1 und 4. Leipzig 1911/14.

Fourier: Théorie analytique de la chaleur. Paris 1822. Deutsch von Weinstein. Berlin 1884.

Grashof: Theoretische Maschinenlehre Bd. 3. Leipzig 1890.

Güldner: Das Entwerfen und Berechnen der Verbrennungskraftmaschinen. Berlin 1920.

Hartmann: Die Bewegungsverhältnisse von Steuergetrieben mit unrunden Scheiben. Z. d. V. 1905.

Hort: Die Differentialgleichungen des Ingenieurs. Berlin 1914.

Heller: Über die Formgebung von Steuernocken. München 1912.

Junkers: Studien und experimentelle Arbeiten zur Konstruktion meines Großölmotors. Jahrbuch der Schiffbautechn. Ges. 1912.

Kirsch: Die Bewegung der Wärme in den Zylinderwandungen der Dampfmaschine. Leipzig 1886.

Leist: Die Steuerungen der Dampfmaschinen. Berlin 1905.

Lorenz: Lehrbuch der technischen Physik Bd. 1 und 2. München 1902.

Mader: Konstruktion der Ventilbeschleunigungen bei Füllungsänderungen. Dinglers Polytechn. Journal 1911.

Magg: Die Steuerungen der Verbrennungskraftmaschinen. Berlin 1914.

Münzinger: Untersuchungen an einem 15 pferdigen Dieselmotor der M. A. N. Berlin 1914.

Nusselt: Der Wärmeübergang in der Verbrennungskraftmaschine. Forschungsheft 264.

Pöhlmann: Neuere Rohölmotoren. Berlin 1912.

Riemann-Weber: Die partiellen Differentialgleichungen der mathematischen Physik. Braunschweig 1901.

Slaby: Kalorimetrische Untersuchungen über den Kreisprozeß der Gasmaschine. Verhandl. d. V. z. Beförd. d. Gewerbefleißes 1890—94.

Weisshaar: Untersuchungen über den Verlauf der Verbrennung im Dieselmotor. Berlin 1916.

Zahlentafel Nr. 1. Zusammenstellung einiger Versuchswerte über die Reibungsverluste von Dieselmotoren (z. S. 30).

Motor	300 PS Zweizyl. Körting $D = 495$; $s = 850$; $n = 165$					600 PS Vierzyl. Körting $D = 495$; $s = 850$; $n = 165$			
Indizierte Leistung PS	162,2	226,1	299,7	390,1	463	542,6	610,3	815,9	969,7
Effektive Leistung PS	75,3	151,7	237,8	302,0	378,5	304,5	459,5	607,0	726,0
Reibungsverluste N_i-N_e	86,9	74,4	71,9	88,1	84,5	238,1	150,8	208,9	243,7
Mechanischer Wirkungsgrad	64,4	67,1	76,0	77,4	81,7	56,1	75,3	74,6	74,8
Kurven-Nr.	1					2			
Versuchsleiter	Magdeburger Verein für Dampfkesselbetrieb					Magdeburger Verein für Dampfkesselbetrieb			
Literaturnachweis	Güldner: Entwerfen und Berechnen der Verbrennungskraftmaschinen, S. 566, 568 u. 569								

Motor	300 PS Zweizyl. Güldner $D = 535$; $s = 780$; $n = 150$						300 PS Zweizyl. Güldner $D = 535$; $s = 780$; $n = 150$					
Indizierte Leistung PS	86,6	150,9	212,2	237,3	349,2	380,0	68,13	157,6	225,6	289,6	368,5	399,0
Effektive Leistung PS	5,5	90,6	164,3	235,9	306,1	339,1	11,24	91,2	158,1	220,8	295,3	321,2
Reibungsverluste N_i-N_e	81,1	60,3	47,9	41,4	43,1	40,9	56,99	66,4	67,5	69,0	73,2	77,8
Mechanischer Wirkungsgrad	20,1	60,0	77,4	55,1	87,7	89,2	1,2	57,9	70,1	76,3	80,2	80,3
Kurven-Nr.	3						4					
Versuchsleiter	Prof. Dr. A. Staus						Geheimrat Josse					
Literaturnachweis	Güldner: Entwerfen und Berechnen der Verbrennungskraftmaschinen, S. 566, 568 u. 569						Josse, Neuere Kraftanlagen 1911.					

Motor	300 PS Zweizyl. Güldner mit ölgekühlten Kolben $D=535$; $s=780$; $n=150$				200 PS Dreizyl. Sulzer $D=420$; $s=620$; $n=190$				
Indizierte Leistung PS	230	297	370	428	112,2	167,5	225,0	264,0	303,5
Effektive Leistung PS	155,5	225	300	360	47,6	101,5	156,0	199,5	235,0
Reibungsverluste N_i-N_e	74,5	72	70	68	64,6	66,0	69,0	64,5	68,5
Mechanischer Wirkungsgrad	67,5	75,5	81	84	42,4	60,6	69,5	75,5	77,5
Kurven-Nr.	5				6				
Versuchsleiter	C. H. Güldner				Prof. Weber				
Literaturnachweis					Ch. Pöhlmann: Neuere Rohölmotoren, S. 54				

Motor	325 PS Vierzyl. M. A. N. $D=425$; $s=600$; $n=165$					200 PS Zweizyl. M. A. N. $D=450$; $s=680$; $n=165$				
Indizierte Leistung PS	146,8	240,0	330	416	452	109,6	154,8	205,2	261,2	298,4
Effektive Leistung PS	78,0	159	241	320	355	54,6	100,9	146,3	197,9	237,9
Reibungsverluste N_i-N_e	68,8	81,0	99	96	97	55,0	53,9	58,9	63,3	60,5
Mechanischer Wirkungsgrad	53,2	66,3	73,1	77	78,5				79,9	
Kurven-Nr.	7					8				
Versuchsleiter	Württemberg. Revisions-Verein					Bayr. Revisions-Verein München				
Literaturnachweis	Güldner: Entwerfen und Berechnen der Verbrennungskraftmaschinen, S. 552 u. 553									

Zahlentafel Nr. 2 (z. S. 48).

Pos.	Bezeichnung	Motor Nr. 630		Motor Nr. 631	
1	Kühlwasseraustritt	16°	50°	16°	48°
2	Einlaßventilspiel mm	0,3	0,2	0,15	0,15
3	Auslaßventilspiel mm	0,15	0,15	0,25	0,1
4	Nadelspiel mm	0,15	0,5	0,1	0,45
5	Einblasewinkel	5° v. ÷ 47° n. i. T.	1° v. ÷ 43° n. i. T.	5° v. ÷ 36° n. i. T.	2° v. ÷ 33° n. i. T.
6	Einblasewinkelverkleinerung	—	8°	—	6°
7	Zündpunktverlegung	—	4°	—	3°

Zahlentafel Nr. 3 (z. S. 49).

Pos.	Bezeichnung	Motor Nr. 630		Motor Nr. 631	
1	Kühlwasseraustritt	16°	85°	16°	93°
2	Einlaßventilspiel mm	0,2	0,35	0,15	0,30
3	Auslaßventilspiel mm	0,2	0,45	0,25	0,35
4	Nadelspiel mm	0,3	0,1	0 1	0,05
5	Einblasewinkel	5° v. ÷ 47° n. i. T.	4° v. ÷ 49° n. i. T.	5° v. ÷ 35° n. i. T.	3° v. ÷ 39° n. i. T.
6	Einfluß der Nadelspielveränderung	—	∾ 1,5°	—	∾ 2°
7	Steuerwellenverdrehung	—	0,5°	—	0 5°

Zahlentafel Nr. 4 (z. S. 51).

Pos.	Bezeichnung	Motor Nr. 630					Motor Nr. 631				
1	Nadelspiel mm	0,10	0,20	0,30	0,40	0,50	0,10	0,20	0,30	0,40	0,50
2	Brennstoffventil öffnet vor i. T.	5°	3°50′	3°	2°	1°	5°	4°10′	3°20′	2°40′	2°
3	Brennstoffventil schließt nach i. T.	47°	45°50′	44°50′	44°	43°	36°	35°10′	34°30′	33°40′	33°

Mittelwerte in kaltem und warmem Zustand.

Zahlentafel Nr. 5. Versuchswerte von G.M.G.-Gleichdruckmotoren (z. S. 59, 111, 116, 118).

Pos.	Bezeichnung	65 PS_e-Motor ohne Ausgleichsteuerung		65 PS_e-Motor mit mechan. Ausgleichsteuerung		60 PS_e-Motor mit thermisch. Ausgleichsteuerung		85 PS_e-Motor m. teilweisem Ausgleich	
1	Kühlwasseraustritt °C.	18°	65°	19°	75°	22°	85°	16°	74°
2	Nadelspiel mm	0,95	0,2	0,6	0,6	0,6	1,0	0,05	0,30
3	Einblasewinkel	0° v. ÷ 35° n. i. T.	5° v. ÷ 38° n. i. T.	1,5° v. ÷ 36° n. i. T.	1,5° v. ÷ 36° n. i. T.	2° v. ÷ 38° n. i. T.	2° v. ÷ 35° n. i. T,	3° v. ÷ 37° n. i. T,	1° v. ÷ 34° n. i. T.
4	Einblasewinkelveränderung	—	+8°	—	0°	—	−7°	—	−6°
5	Zündpunktverlegung	—	5°	—	0°	—	4°	—	2°
6	Einblasedruck im Mittel at	—	64	—	64	—	60	—	63

Tafel 1 (z. S. 59).

Zeit 10h 53m
Einblasedruck
E=63 at
1
Zeit 11h 20m
E=60 at
5
10h 57m
E=64 at
2
11h 23m
E=64 at
6
11h 01m
E=64 at
3
11h 25m
E=56 at
7
11h 10m
E=60 at
4
11h 30m
E=54 at
8

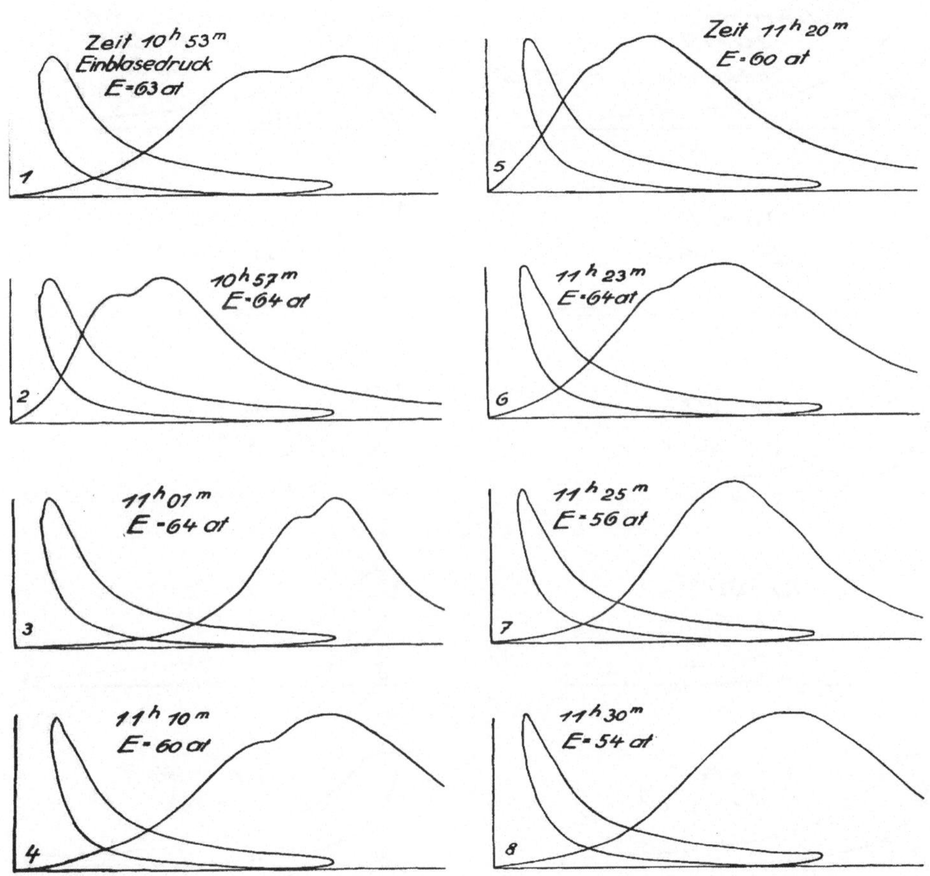

Tafel 2 (z. S. 63).

Kühlwasseraustritt
ta = 10°C
Einblasedruck E = 56 at
1
Kühlwasseraustritt
ta = 15°C
E = 56 at
2
ta = 30°
E = 56 at
3
ta = 45°
E = 56 at
4
ta = 50°
E = 56 at
5
ta = 55°
E = 56
6
ta = 60°
E = 56 at
7
ta = 70°
E = 56
8
ta = 80°
E = 56 at
9
ta = 94°
E = 56
10

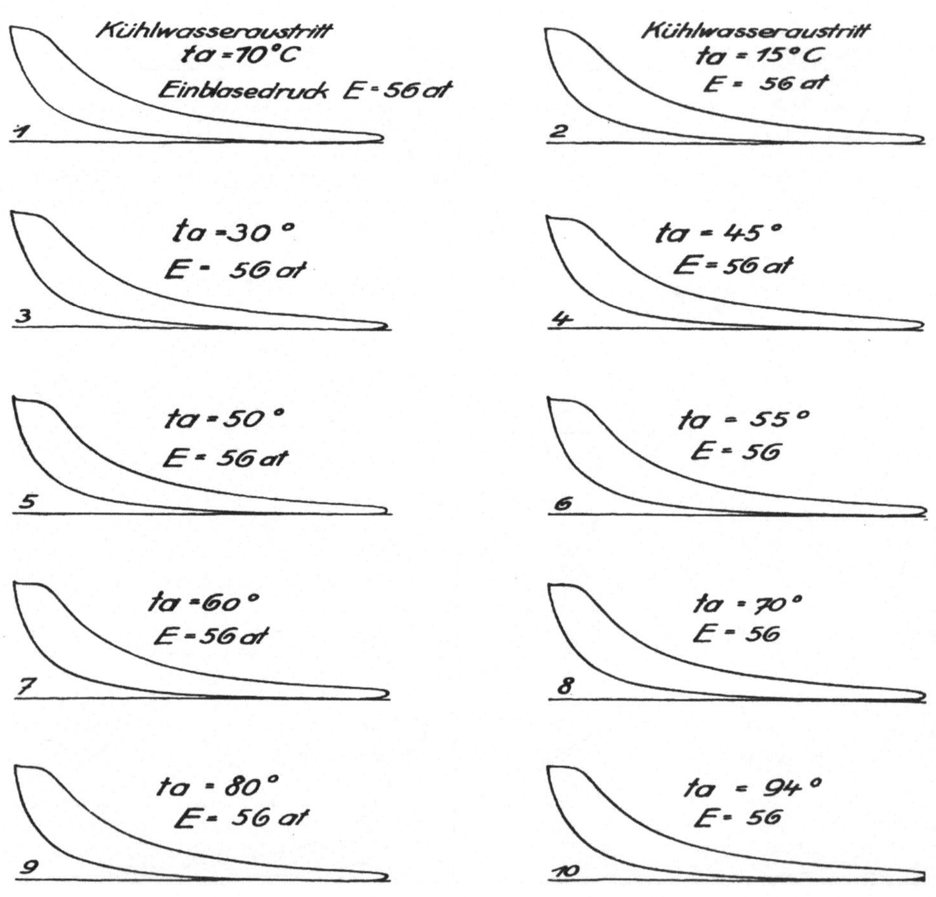

Tafel 3 (z. S. 109).

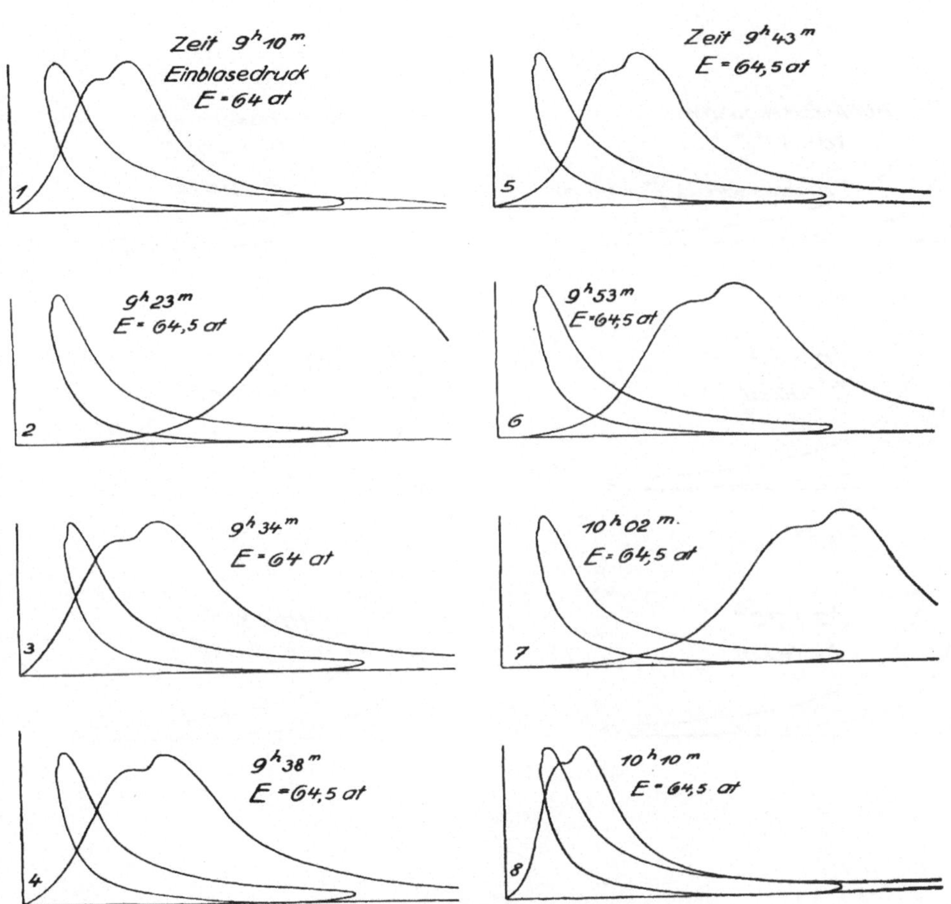

Diagramm-Tafel 1—5.

Tafel 4 (z. S. 114).

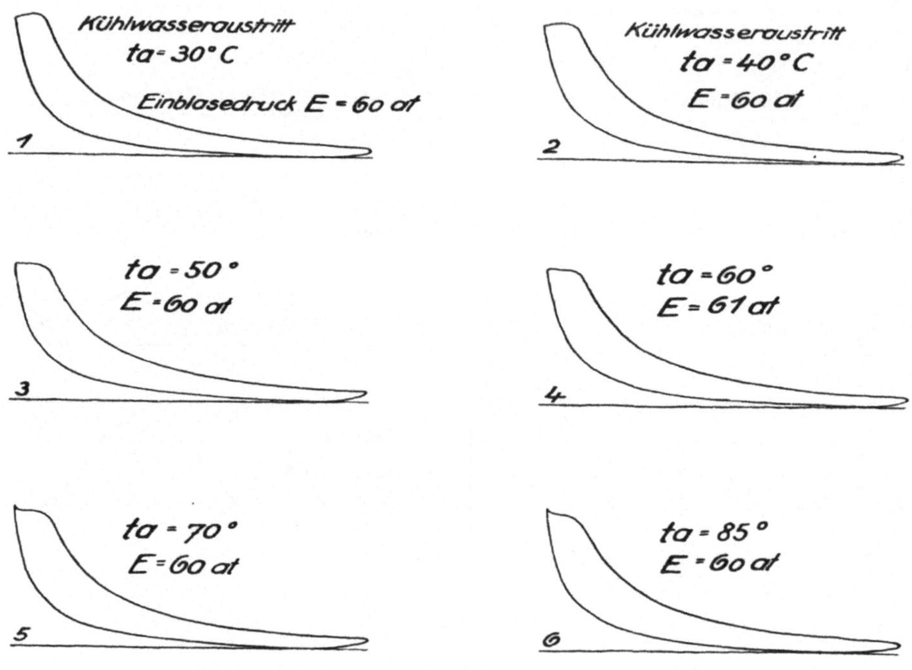

Tafel 5 (z. S. 117).

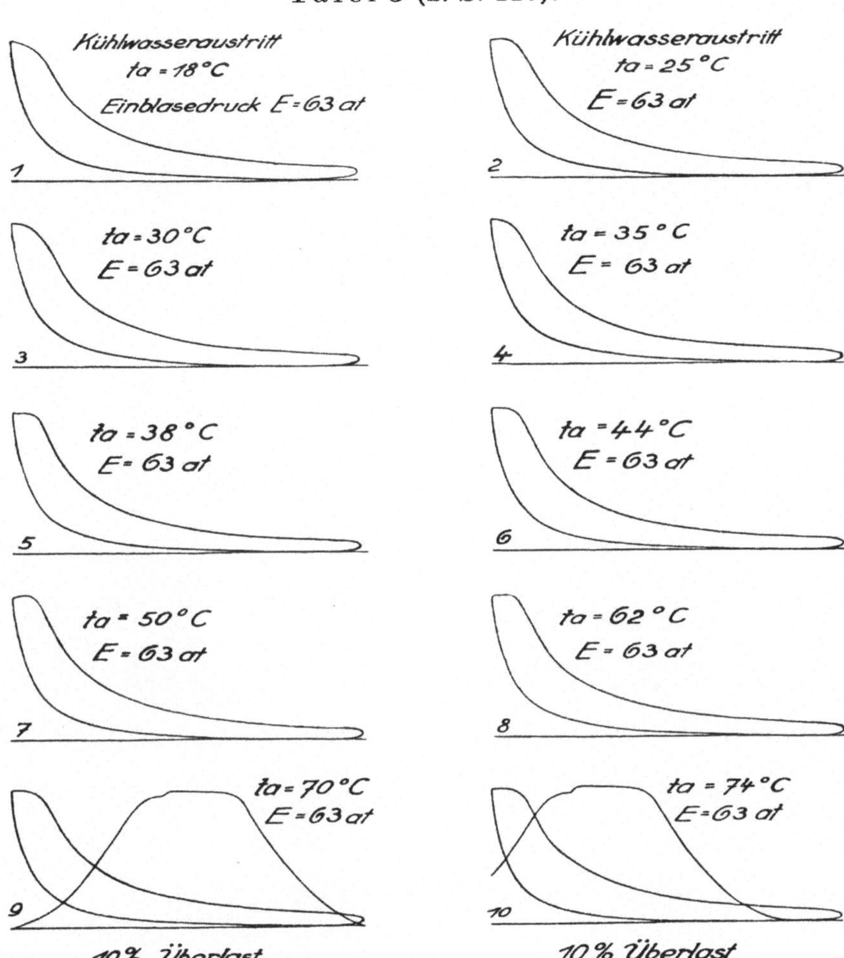

Das Entwerfen und Berechnen der Verbrennungskraftmaschinen und Kraftgasanlagen. Von Maschinenbaudirektor Dr.-Ing. e. h. **Hugo Güldner** in Aschaffenburg. Dritte, neubearbeitete und bedeutend erweiterte Auflage. Mit 1282 Textfiguren, 35 Konstruktionstafeln und 200 Zahlentafeln. Dritter, unveränderter Neudruck. 1922.
Gebunden 42 Goldmark / Gebunden 10.10 Dollar

Aus den zahlreichen Besprechungen:

Die dritte Auflage dieses zu den klassischen Werken auf dem Gebiete des Gasmaschinenbaues gehörenden Buches stellt eine Neubearbeitung der älteren Auflage unter dem Gesichtspunkte dar, daß infolge des wachsenden Einflusses der Gleichdruckmaschine es geboten schien, die letztere sowie die ältere Verpuffungsmaschine wärmetheoretisch und konstruktiv gleichmäßig zu behandeln. Das Buch zerfällt nunmehr in fünf Teile, denen ein geschichtlicher, theoretischer und praktischer Anhang angeschlossen ist ... Obwohl die neue Auflage an Text, Figuren und Tafeln eine bedeutende Erweiterung erfahren hat, ist doch der Übersichtlichkeit und Handlichkeit des Werkes, dessen gediegene Ausstattung nicht erst hervorgehoben zu werden braucht, kein Abbruch getan worden, und man kann dieses Buch mit Recht als unentbehrlich für alle bezeichnen, die durch Studium oder Beruf auf dem Gebiete des Gasmaschinenbaues tätig sind. „Elektrotechnik und Maschinenbau"

... Mit seinem in der Praxis wurzelnden Inhalt, seinen klaren theoretischen Darlegungen und in alle wichtigen Einzelheiten eindringenden konstruktiven Erörterungen, mit der außerordentlichen Fülle vorzüglicher zeichnerischer Unterlagen und dem praktisch wichtigen Zahlenmaterial ist das Werk für den Erbauer neuzeitlicher Verbrennungskraftmaschinen der zuverlässigste, wertvollste Führer. „Glückauf"

Die Steuerungen der Verbrennungs-Kraftmaschinen. Von Dr.-Ing. **Julius Magg.** Zweite Auflage. In Vorbereitung

---

Bau und Berechnung der Verbrennungskraftmaschinen. Eine Einführung von **Franz Seufert,** Studienrat a. D., Oberingenieur für Wärmewirtschaft. Dritte, verbesserte Auflage. Mit 90 Textabbildungen und 2 Tafeln. 1922. 2.60 Goldmark / 0.60 Dollar

---

Ölmaschinen. Wissenschaftliche und praktische Grundlagen für Bau und Betrieb der Verbrennungsmaschinen. Von Professor **St. Löffler** und Professor **A. Riedler,** beide an der Technischen Hochschule zu Berlin. Mit 288 Textabbildungen. Unveränderter Neudruck. 1922.
Gebunden 16 Goldmark / Gebunden 4 Dollar

Schnellaufende Dieselmaschinen. Beschreibungen, Erfahrungen, Berechnung, Konstruktion und Betrieb. Von Professor Dr.-Ing. **O. Föppl,** Marinebaurat a. D. in Braunschweig, Dr.-Ing. **H. Strombeck,** Oberingenieur, Leunawerke und Professor Dr. techn. **L. Ebermann** in Lemberg. Zweite, veränderte und ergänzte Auflage. Mit 147 Textabbildungen und 8 Tafeln, darunter Zusammenstellungen von Maschinen von A. E. G., Benz, Daimler, Danziger Werft, Germaniawerft, Görlitzer M. A., Körting und MAN Augsburg. 1922. Gebunden 8 Goldmark / Gebunden 2.40 Dollar

---

Betrieb und Bedienung von ortsfesten Viertakt-Dieselmaschinen. Von Dipl.-Ing. **A. Balog** und Werkführer **S. Sygall.** Mit 58 Textfiguren und 8 Tafeln. 1920. 2.60 Goldmark / 0.65 Dollar

Motorwagen und Fahrzeugmaschinen für flüssigen Brennstoff. Ein Lehrbuch für den Selbstunterricht und für den Unterricht an Technischen Lehranstalten. Von Dr. techn. **A. Heller** in Berlin. Mit 650 in den Text gedruckten Figuren. Unveränderter Neudruck. 1922.
Gebunden 20 Goldmark / Gebunden 4.80 Dollar

Das Automobil, sein Bau und sein Betrieb. Nachschlagebuch für die Praxis von Dipl.-Ing. Freiherr **Löw von und zu Steinfurth,** beauftr. Dozent für Kraftwagen an der Technischen Hochschule zu Darmstadt. Fünfte, umgearbeitete Auflage. Mit 414 Abbildungen im Text. (C. W. Kreidel's Verlag.) Erscheint Anfang 1924.

Neuere Vergaser und Hilfsvorrichtungen für den Kraftwagenbetrieb mit verschiedenen Brennstoffen. Nachschlagebuch für die Praxis von Dipl-Ing. Freiherr **Löw von und zu Steinfurth,** beauftr. Dozent für Kraftwagen an der Technischen Hochschule zu Darmstadt. Zweite, wesentlich erweiterte Auflage. Mit 71 Abbildungen und 28 Tabellen im Text. 1920. (C. W. Kreidel's Verlag.) 2.40 Goldmark / 0.60 Dollar

Graphische Thermodynamik und Berechnen der Verbrennungsmaschinen und Turbinen. Von **M. Seiliger,** Ingenieur-Technolog. Mit 71 Abbildungen, 2 Tafeln und 14 Tabellen im Text. 1922.
6.40 Goldmark; gebunden 8 Goldmark / 1.55 Dollar; gebunden 2 Dollar

Dampf- und Gasturbinen. Mit einem Anhang über die Aussichten der Wärmekraftmaschinen. Von Dr. phil. Dr.-Ing. **A. Stodola,** Professor an der Eidgenössischen Technischen Hochschule in Zürich. Sechste Auflage. (Unveränderter Abdruck der fünften Auflage nebst einem Nachtrag.) Mit 1138 Abbildungen und 13 Tafeln. Erscheint Ende 1923.

Kolbendampfmaschinen und Dampfturbinen. Ein Lehr- und Handbuch für Studierende und Konstrukteure. Von Prof. **Heinrich Dubbel,** Ingenieur. Sechste, vermehrte und verbesserte Auflage. Mit 566 Textfiguren. 1923.
Gebunden 11 Goldmark / Gebunden 2.70 Dollar

Der Einfluß der rückgewinnbaren Verlustwärme des Hochdruckteils auf den Dampfverbrauch der Dampfturbinen. Von Dr.-Ing. **Georg Forner,** beratender Ingenieur und Privatdozent an der Technischen Hochschule zu Berlin. Mit 10 Textabbildungen und 8 Zahlentafeln. 1922.
1.50 Goldmark / 0.35 Dollar

Regelung der Kraftmaschinen. Berechnung und Konstruktion der Schwungräder, des Massenausgleichs und der Kraftmaschinenregler in elementarer Behandlung. Von Hofrat Prof. Dr.-Ing. **Max Tolle** in Karlsruhe. Dritte, verbesserte und vermehrte Auflage. Mit 532 Textfiguren und 24 Tafeln. 1921.
Gebunden 33 Goldmark / Gebunden 8 Dollar

Der Regelvorgang bei Kraftmaschinen auf Grund von Versuchen an Exzenterreglern. Von **A. Watzinger,** Dr.-Ing., Professor der Norwegischen Technischen Hochschule in Trondhjem und **Leif J. Hanssen,** Dipl.-Ing., Assistent am Laboratorium für Wärmekraftmaschinen der Norwegischen Technischen Hochschule in Trondhjem. Mit 82 Abbildungen. 1923.
7 Goldmark; gebunden 8 Goldmark / 1.70 Dollar; gebunden 1.95 Dollar

Die Steuerungen der Dampfmaschinen. Von Professor **Heinrich Dubbel,** Ingenieur. Dritte, umgearbeitete und erweiterte Auflage. Mit 515 Textabbildungen. 1923. Gebunden 10 Goldmark / Gebunden 2.40 Dollar

Die Berechnung der Drehschwingungen und ihre Anwendung im Maschinenbau. Von **Heinrich Holzer,** Oberingenieur der Maschinenfabrik Augsburg-Nürnberg. Mit vielen praktischen Beispielen und 48 Textfig. 1921.
6 Goldmark; gebunden 7.50 Goldmark / 1.50 Dollar; gebunden 1.80 Dollar

---

Drehschwingungen in Kolbenmaschinenanlagen und das Gesetz ihres Ausgleichs. Von Dr.-Ing. **Hans Wydler** in Kiel. Mit einem Nachwort: Betrachtungen über die Eigenschwingungen reibungsfreier Systeme von Professor Dr.-Ing. Guido Zerkowitz in München. Mit 46 Textfiguren. 1922.
5 Goldmark / 1.45 Dollar

F. Tetzner, Die Dampfkessel. Lehr- und Handbuch für Studierende Technischer Hochschulen, Schüler Höherer Maschinenbauschulen und Techniken sowie für Ingenieure und Techniker. Siebente, erweiterte Auflage von **O. Heinrich,** Studienrat an der Beuthschule zu Berlin. Mit 467 Textabbildungen und 14 Tafeln. 1923.
Gebunden 8.40 Goldmark / Gebunden 2 Dollar

Hochleistungskessel. Studien und Versuche über Wärmeübergang, Zugbedarf und die wirtschaftlichen und praktischen Grenzen einer Leistungssteigerung bei Großdampfkesseln nebst einem Überblick über Betriebserfahrungen. Von Dr.-Ing. **Hans Thoma** in München. Mit 65 Textfiguren. 1921.
Gebunden 6.50 Goldmark / Gebunden 1.55 Dollar

Die Wärme-Übertragung. Auf Grund der neuesten Versuche für den praktischen Gebrauch zusammengestellt von Dipl.-Ing. **M. ten Bosch** in Zürich. Mit 46 Textabbildungen. 1922.
4 Goldmark / 1 Dollar

Die Grundgesetze der Wärmeleitung und des Wärmeüberganges. Ein Lehrbuch für Praxis und technische Forschung. Von Oberingenieur Dr.-Ing. **Heinrich Gröber.** Mit 78 Textfiguren. 1921.
7 Goldmark / 1.65 Dollar

Handbuch der Feuerungstechnik und des Dampfkesselbetriebes mit einem Anhange über allgemeine Wärmetechnik. Von Dr.-Ing. **Georg Herberg,** Vorstandsmitglied der Ingenieurgesellschaft für Wärmewirtschaft A.-G., Stuttgart. Dritte, verbesserte Auflage. Mit 62 Textabbildungen, 91 Zahlentafeln sowie 48 Rechnungsbeispielen. 1922.
Gebunden 9 Goldmark / Gebunden 2.15 Dollar

Die Ölfeuerungstechnik. Von Dr.-Ing. **O. A. Essich.** Zweite, vermehrte und verbesserte Auflage. Mit 209 Textabbildungen. 1921.
3 Goldmark / 0.75 Dollar

L. Schmitz, Die flüssigen Brennstoffe, ihre Gewinnung, Eigenschaften und Untersuchung. Dritte, neubearbeitete und erweiterte Auflage von Dipl.-Ing. Dr. **Follmann.** Mit 59 Abbildungen im Text. Erscheint Ende 1923

Die Gaserzeuger. Handbuch der Gaserei mit und ohne Nebenproduktengewinnung. Von Dipl.-Ing. **H. R. Trenkler,** Direktor der Deutschen Mondgas- und Nebenprodukten-G. m. b. H. Mit 155 Abbildungen im Text und 75 Zahlentafeln. 1923. Gebunden 14 Goldmark / Gebunden 3.50 Dollar

Dynamik der Leistungsregelung von Kolbenkompressoren und -pumpen (einschl. Selbstregelung und Parallelbetrieb). Von Dr.-Ing. **Leo Walther** in Nürnberg. Mit 44 Textabbildungen, 23 Diagrammen und 85 Zahlenbeispielen. 1921. 4.60 Goldmark / 1.10 Dollar

Thermodynamische Grundlagen der Kolben- und Turbokompressoren. Graphische Darstellungen für die Berechnung und Untersuchung. Von Oberingenieur **Adolf Hinz** in Frankfurt a. M. Mit 12 Zahlentafeln, 54 Figuren und 38 graphischen Berechnungstafeln. 1914.
Gebunden 12 Goldmark / Gebunden 3 Dollar

Kolben- und Turbo-Kompressoren. Theorie und Konstruktion. Von Dipl.-Ing. Professor **P. Ostertag,** Winterthur. Dritte, verbesserte Auflage. Mit 358 Textabbildungen. 1923.
Gebunden 20 Goldmark / Gebunden 4.80 Dollar

Die Kolbenpumpen einschließlich der Flügel- und Rotationspumpen. Von Prof. **H. Berg** in Stuttgart. Zweite, vermehrte und verbesserte Auflage. Mit 536 Textfiguren und 13 Tafeln. 1921.
Gebunden 15 Goldmark / Gebunden 3.50 Dollar

Kreiselpumpen. Eine Einführung in Wesen, Bau und Berechnung neuzeitlicher Kreisel- oder Zentrifugalpumpen. Von Dipl.-Ing. **L. Quantz** in Stettin. Mit 109 Textabbildungen. 1922. 3.80 Goldmark / 0.90 Dollar

Die Pumpen. Ein Leitfaden für höhere Maschinenbauschulen und zum Selbstunterricht. Von **H. Matthiessen,** Dipl.-Ing., Professor in Kiel und **E. Fuchslocher,** Dipl.-Ing. in Kiel. Mit 137 Textabbildungen. 1923.
1.60 Goldmark / 0.40 Dollar

Maschinentechnisches Versuchswesen. Von Professor Dr.-Ing. **A. Gramberg,** Oberingenieur an den Höchster Farbwerken.

Erster Band: **Technische Messungen bei Maschinenuntersuchungen und zur Betriebskontrolle.** Zum Gebrauch an Maschinenlaboratorien und in der Praxis. Fünfte, vielfach erweiterte und umgearbeitete Auflage. Mit 326 Figuren im Text. 1923.
Gebunden 14 Goldmark / Gebunden 3.50 Dollar

Zweiter Band: **Maschinenuntersuchungen und das Verhalten der Maschinen im Betriebe.** Ein Handbuch für Betriebsleiter, ein Leitfaden zum Gebrauch bei Abnahmeversuchen und für den Unterricht an Maschinenlaboratorien. Zweite, erweiterte Auflage. Mit 327 Figuren im Text und auf zwei Tafeln. 1921. Gebunden 17 Goldmark / Gebunden 4.70 Dollar

Technische Untersuchungsmethoden zur Betriebskontrolle, insbesondere zur Kontrolle des Dampfbetriebes. Zugleich ein Leitfaden für die Übungen in den Maschinenbaulaboratorien technischer Lehranstalten. Von Professor **Julius Brand,** Oberlehrer der Staatlichen vereinigten Maschinenbauschulen zu Elberfeld. Mit einigen Beiträgen von Dipl.-Ing. Oberlehrer Robert Heermann. Vierte, verbesserte Auflage. Mit 277 Textabbildungen, einer lithographischen Tafel und zahlreichen Tabellen. 1921.
Gebunden 9 Goldmark / Gebunden 2.15 Dollar

Taschenbuch für den Maschinenbau. Unter Mitwirkung von Fachleuten herausgegeben von Professor **Heinrich Dubbel,** Ingenieur in Berlin. Vierte, verbesserte Auflage. Mit etwa 2800 Textfiguren. In zwei Bänden.
Erscheint Anfang 1924